Reiner Wahl

SPALIER OBST

Erziehung und Schnitt im Spaliergarten

Haupt
NATUR

Reiner Wahl

SPALIER OBST

Erziehung und Schnitt im Spaliergarten

Haupt Verlag

Inhaltsverzeichnis

Vorwort

Wer sich auf Formobst «einlässt», kommt unweigerlich mit einer sehr alten Art der Obstkultur in Berührung. Die meisten Spalierbaumformen, wie wir sie heute kennen und pflegen, haben ihren Ursprung im frühen 19. Jahrhundert und sind das Ergebnis einer sehr langen obstbaulichen Entwicklung. Die Beschäftigung mit Form- bzw. Spalierobst, einhergehend mit all den «gärtnerischen Kniffen», Beobachtungen und Eingriffen, hat jedoch bis heute nichts von ihrer Faszination verloren.

Zierde und Nutzen lassen sich beim Formobst auf engstem Raum vereinen. Freistehende Spaliere können zur Grundstücksbegrenzung ebenso eingesetzt werden wie zur Gliederung und Strukturierung im Garten. Spaliergerüste übernehmen dabei nicht nur eine funktionale Aufgabe, sondern wirken zugleich als gestalterische Elemente, insbesondere an Fassaden. Ob an historischen Bauwerken oder im Kontext moderner Architektur – Formobst eröffnet vielfältige Möglichkeiten der Verbindung von Gestaltung und Nutzung. Unbestritten steht dem erhöhten Arbeitsaufwand ein reicher Ertrag an aromatischem, intensiv gefärbtem Obst gegenüber.

Als prägnanter Bestandteil klösterlicher und vor allem der höfischen Nutzgartenkultur erlebt das Formobst heute in verschiedenen Bereichen eine Renaissance. Zur Bewahrung dieser besonderen Obstgartenkultur gibt es derzeit Bestrebungen, das Wissen um die Kunst und Erziehung von Formobstgehölzen als immaterielles UNESCO-Kulturgut anerkennen zu lassen.

Eine ganz kurze Geschichte des Formobstbaus

Die Geschichte des Formobstbaus beginnt mit der Erkenntnis, dass sich Obstgehölze vor warmen, windgeschützten Mauern gut entwickeln, und die Früchte aromareicher und farbintensiver werden als im freistehenden Anbau. Bereits im 16. Jahrhundert machten sich französische Gärtner diesen Vorteil zunutze: Sie pflanzten Obstbäume bevorzugt vor Mauern und Wänden, oft in enger Folge und meist ohne Berücksichtigung der spezifischen Ansprüche der jeweiligen Obstart. Dennoch legten sie damit den Grundstein für eine der kunstvollsten und zugleich nützlichsten Formen des Obstbaus – den Formobst- bzw. Spalierobstanbau.

Von den Anfängen bis zu den ersten systematischen Formen

Olivier de Serres beschreibt um 1600 eine Art Heckenobst-Anbau. Eine Reb- oder Gartenschere gab es damals noch nicht, diese wurde erst im frühen 19. Jahrhundert erfunden, daher erfolgte der Schnitt meist mit der Hippe oder grob mit der Handheckenschere. Dennoch verfügten die Gärtner bereits über erstaunliche Kenntnisse hinsichtlich Pflanzenphysiologie und Wuchsgesetze. Ökonomische Überlegungen spielten ebenfalls eine Rolle: Durch bestimmte Unterlagenkombinationen, zum Beispiel etwa Apfel auf Doucin *(Malus mitis)*, erreichte man schwächeren Wuchs und früheres Fruchten.

Die strengen Formen entwickelten sich erst durch steigende ästhetische Ansprüche und ein zunehmendes Verständnis über die Bedeutung von Schnitt, Triebreduktion und Blütenknospen-Ausdünnung. Mit Leder- oder Stoff- bzw. Hadernstreifen wurden Zweige und Äste an Wänden und Mauern fixiert. 1638 beschreibt Jacques Boyceau de la Barauderie erstmals das Fächerspalier, das somit zu einem der ältesten Spalierformen zählt.

Glanzzeit in Frankreich und Deutschland

Die größten Impulse kamen aus Frankreich und Deutschland, wo die höfische Kultur eine sehr große Rolle spielte. Als Vorbild galt der barocke Prunk am Hofe des Sonnenkönigs Ludwig XIV., in dessen mehrere Hektar großen Nutzgarten der Formobstbau eine große Blüte erlebte. Jean-Baptiste de La Quintinie (1626–1688) gilt als prägendste Figur dieser Epoche. Er war es auch, der durch genaue Beobachtungen einen regelmäßigen Baumschnitt einführte. Seine Erkenntnisse hinterließ er in einem außergewöhnlichen Werk, welches zu den bedeutendsten gartenbaulichen Schriften seiner Zeit zählte. Ludwig XIV. ehrte seinen Meistergärtner mit einem Standbild in Versailles – ein Zeichen höchster Wertschätzung.

Jean-Baptiste de La Quintinie (1626–1688)

Was in Versailles entstand, fand rasche Nachahmung an vielen deutschen Fürstenhöfen, wo nun auch zahlreiche Formobstgärten entstanden.

Neue Formen und Schnitttechniken

Im Laufe der Zeit entwickelten sich immer komplexere Spalierformen. Gleichzeitig führte der Wunsch nach ästhetischer Perfektion gelegentlich dazu, dass die grundlegenden Prinzipien des Fruchtholzschnittes in den Hintergrund traten – ein Umstand, der die Weiterentwicklung eher hemmte. Denn der Erfolg des Formobstbaus hängt wesentlich vom korrekten Schnitt ab.

Bereits 1655 beschreibt Vautier erstmals die Hohlkrone an freistehenden Bäumen. 1745 wurde diese Form mit der sogenannten Montreuiler Erziehungsmethode auf Wandspaliere übertragen, dabei entstand ein Fächerspalier ohne Mitteltrieb. Die Entfernung des Mitteltriebs diente dazu, dem übermäßigen Wachstum der oberen Seitenäste zu begegnen. Diese Erkenntnis leitete die Entwicklung neuer, einfacher zu handhabender Formen ein, darunter die heute weit verbreitete U-Form, die um 1850 in Frankreich entstand.

Parallel dazu entstanden Spalierformen, losgelöst von der Wand, zum Teil sogar dreidimensional. Auch die Ausbildung hochstämmiger Obstbäume wurde vom Formobstbau beeinflusst. 1779 galt die Hochstamm-Spindel als ideales Erziehungsziel. Daraus entwickelte sich in Frankreich die Spindelpyramide.

Die Blütezeit im 19. Jahrhundert

Die Jahre zwischen 1850 bis 1900 gelten als eine erneute Hochphase des Formobstbaus. Eduard Lucas, Leiter des Pomologischen Instituts in Reutlingen, setzte Maßstäbe, indem er den Winterschnitt ohne Sommerbehandlung einführte. Eine weitere Schlüsselfigur war Nicolas Gaucher (1846–1911). Er besaß herausragende praktische Erfahrungen im Formobstbau und erlangte europaweite Anerkennung. 1871 kam er nach Stuttgart und gründete eine renommierte Baumschule sowie eine Fachschule für Gärtner. Sein «Handbuch der Obstkultur» gilt bis heute als eines der Hauptwerke für den klassischen Fruchtholzschnitt. Dank Gaucher erlebte der Formobstbau in Deutschland gegen Ende des 19. Jahrhunderts eine letzte, bedeutende Blütezeit, deren Wirkungen bis in das frühe 20. Jahrhundert hineinreichten.

Rückblickend sollte nicht vergessen werden, wie hoch die Wertschätzung für Obst aus Formobstbauanlagen war. Die Qualität galt als außergewöhnlich, und die Früchte erzielten hohe Preise. Ein berühmtes Beispiel ist die Apfelsorte 'Weißer Wintercalvill', die um 1900 pro Stück und zu Höchstpreisen gehandelt wurde.

Nicolas Gaucher (1846–1911).

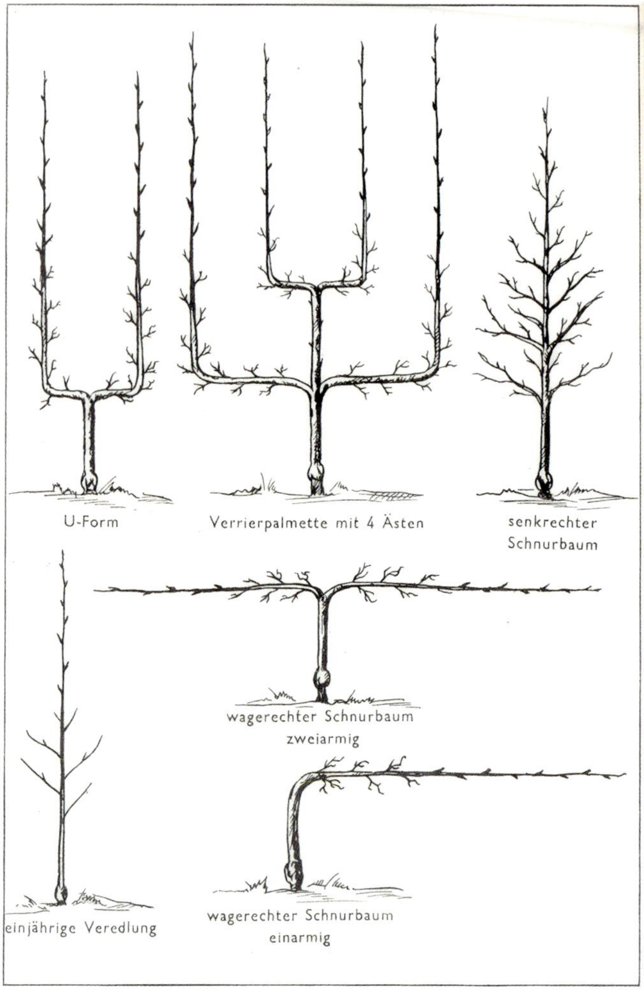

Darstellung aus einem Baumschulkatalog aus den frühen 1950er-Jahre; bis zu dieser Zeit konnten in Baumschulen noch vorgezogene Spalierbäume erworben werden.

Der Niedergang des Formobstbaus

Zu Beginn des 20. Jahrhunderts entwickelte sich parallel zum traditionellen Formobstbau ein zunehmend bedeutender Zweig des Obstbaus: der naturnahe Kronenaufbau. Diese neuen Systeme waren weniger formbetont, dafür pflegeleichter und wirtschaftlicher. In dieser Phase verlor Gauchers Lehre an Bedeutung, da sie für den Erwerbsobstbau als zu arbeitsintensiv galt und daher kaum noch Anwendung fand. Die Umstellung beim Erwerbsobstbau wirkte sich auf den Formobstbau im privaten Bereich nicht nachteilig aus. Erst nach dem Zweiten Weltkrieg folgte eine Epoche des allmählichen Niedergangs. Mit den von Wenck und Winkelmann entwickelten Methoden der «Württembergischen Erziehung» sowie dem in der Schweiz verbreiteten «Oeschbergschnitt» von Spreng hielten auch im privaten Bereich neue Baumerziehungsformen Einzug in die Gärten.

Trotz der bewegten Geschichte der Formobstkultur ist die wohl älteste Obst-Erziehungsform nie in Vergessenheit geraten. In manchen Gegenden des alpinen wie voralpinen Raums zeigt sich dies heute noch an schönen Beispielen.

Grundlagen des Schnitts

«Ich muß gestehen, daß ich in der Baumschule unter den fruchtbaren Bäumen lieber bin. Der Gedanke des Nutzens führt mich aus mir selbst heraus und gibt mir eine Fröhlichkeit, die ich sonst nicht empfinde.»

Johann Wolfgang von Goethe

Die Erziehung und der Schnitt von Formobst erfordern ein gutes Maß an Fachkenntnis, aber auch Einfühlungsvermögen. Voraussetzung für einen sachgerechten Schnitt ist ein solides Verständnis der unterschiedlichen Knospen- und Triebarten sowie ihrer jeweiligen Funktionen. Ebenso wesentlich ist das Wissen über die Wuchseigenschaften der unterschiedlichen Obstarten und deren Unterlagen.

Jeder Schnitt stellt einen Eingriff in die Physiologie des Baumes dar – er reagiert darauf mit spezifischen Wachstums- und Entwicklungsprozessen. Die gängigen Schnittarten wie Erziehungs-, Erhaltungs- und Verjüngungsschnitt orientieren sich an den verschiedenen Entwicklungsphasen des Baumes. Damit befindet sich der Baum gewissermaßen «in Kultur», also in einer gelenkten Form des Wachstums. Für die Praxis ist es entscheidend, die biologischen Gesetzmäßigkeiten der Schnittwirkung zu verstehen.

Ein Schnitt ist nur dann physiologisch sinnvoll, wenn er den natürlichen Entwicklungsabläufen des Baumes nicht entgegenwirkt. Daher sollte jede Maßnahme im Vorfeld gut überlegt sein. Gerade beim Spalierobstbau gehören neben dem Schnitt auch das Binden und Formieren zu den wichtigsten Tätigkeiten.

Die Schnittwirkungen – Reaktionen der Bäume auf den Schnitt

Der Rückschnitt verfolgt das Ziel, den Baum zu einem erneuten Austrieb anzuregen. Durch das Entfernen von überzähligen oder ungünstig stehenden Trieben wird die Baumkrone ausgelichtet und die gewünschte Form erhalten. Der Rückschnitt erfolgt vor allem am einjährigen Trieb, Eingriffe in älteres Holz dienen der Verjüngung, um die Bildung neuer, vitaler Triebe zu fördern.

Gesetze der Schnittwirkung

Die Reaktionen eines Baumes auf den Schnitt folgen bestimmten physiologischen Gesetzmäßigkeiten:

- **Starker Rückschnitt: starke Triebneubildung.** Wird kräftig zurückgenommen, verbleibt nur eine geringe Anzahl an Knospen, was zu einem kräftigen Austrieb und zur Bildung langer, einjähriger Triebe führt.
- **Schwacher Rückschnitt: schwacher Austrieb.** Bleiben viele Knospen erhalten, verteilt sich die Wachstumskraft auf die zahlreichen Knospen. Das Ergebnis ist ein insgesamt schwächerer Neuaustrieb, die Entstehung von Fruchtholz wird dagegen gefördert.

Die natürliche Triebentwicklung

Die natürliche Wuchsform des Baumes folgt festen physiologischen Gesetzmäßigkeiten. Diese bestimmen, welche Knospen vorrangig austreiben, wie stark Triebe wachsen und an welcher Stelle sich Frucht- oder Holzknospen entwickeln. Das Verständnis dieser Gesetze ist grundlegend für jeden gezielten Erziehungs- und Formschnitt im Spalierobstbau.

Die Spitzenförderung (Akrotonie)

Die Reaktion des Baumes auf Schnittmaßnahmen folgt dem universellen Prinzip der Spitzenförderung. Dabei treibt stets die am höchsten stehende Knospe am kräftigsten aus. Dieses Phänomen, Akrotonie genannt, zeigt sich besonders deutlich an aufrecht stehenden, einjährigen Trieben sowie an steilen Seitenästen. Die Spitzenförderung betrifft nicht nur die Stamm- oder Leitastverlängerung, sondern ebenso alle Seitentriebe. Wird die Terminalknospe samt einem Stück Trieb durch Rückschnitt entfernt, so übernimmt automatisch die nächsthöher stehende Knospe die Dominanz und entwickelt sich zum kräftigsten Neuaustrieb.

Die Oberseitenförderung

Bei waagerechter Stellung eines Triebes kommen alle oberseitig liegenden und gleichmäßig gut belichteten Knospen zum Austrieb. Auf der ganzen Länge eines Langtriebes bilden sich auf Kosten der Spitzenförderung kurze, schwache Triebe. Genutzt wird diese Gesetzmäßigkeit zum Waagerechtbinden einjähriger Langtriebe, da sich daran willig Kurztriebe sowie Blütenknospen bilden (Frucht- vor Holzbildung).

Praxisbeispiel: Bei starkwüchsigen Sorten in formloser Erziehung wird großer Wert auf ein Waagerechtbinden gelegt, um die Fruchtbarkeit zu steigern und übermäßiges Triebwachstum zu bremsen.

Die Scheitelpunktförderung

Senkt sich ein Trieb bogenförmig nach unten, bildet sich der kräftigste Neuaustrieb nicht an der Spitze, sondern am Scheitelpunkt des Bogens – also an der höchsten Stelle des hängenden Triebes. Zur Triebverjüngung kürzt man ältere, abfallende Triebe gezielt auf den kräftigen Neutrieb zurück.

Physiologische Grundlagen des Wachstums

Die Wirkung des Obstbaumschnittes lässt sich nur verstehen, wenn man den Obstbaum, wie alle Pflanzen, als lebenden Organismus mit eng miteinander verbundenen Funktionsbereichen betrachtet. Alle Teile des Baumes – Wurzel, Stamm, Trieb, Blatt und Knospe – erfüllen spezifische Aufgaben, die zusammen die Wachstums- und Fruchtbildungsprozesse steuern.

Der Austrieb im Frühjahr wird maßgeblich durch die steigenden Temperaturen im März und April ausgelöst. Sichtbares Zeichen ist das Aufbrechen der Blatt- und Blütenknospen. Bereits einige Wochen zuvor ist der Baum jedoch im Inneren aktiv. Über die Wurzeln werden mit dem Bodenwasser wichtige mineralische Nährsalze aufgenommen, insbesondere Stickstoff (N), Phosphor (P), Kalium (K), und in die oberirdischen Teile des Baumes, den Spross, transportiert.

Der Spross übernimmt zusammen mit den Blättern die Aufgabe der Assimilation. Aus Kohlendioxid der Luft werden mithilfe des Blattgrüns (Chlorophyll) energiereiche Zucker aufgebaut (Fotosynthese). Dabei entsteht Sauerstoff als Nebenprodukt. Der Zucker wird zunächst in Stärke umgewandelt und in den Blättern eingelagert, während der Nacht wird ein Großteil dieser Stärke wieder in Zucker rückverwandelt und im Baum nach unten transportiert. Diese Kohlenhydrate dienen dem Aufbau neuer Triebe und Blätter und dem Fruchtansatz. Werden diese nicht unmittelbar benötigt, speichert sie die Pflanze als Reservestoffe unter anderem in der Wurzel und der Rinde ein. Im Frühjahr dienen diese Reservestoffe als Energieträger für die Entwicklung der Knospen.

Ein Obstbaum befindet sich dann im physiologischen Gleichgewicht, wenn Holzzuwachs und Fruchtbildung in ausgewogener Relation stehen. Wird dieses Gleichgewicht gestört, reagiert der Baum mit übermäßiger Holzbildung oder – im Gegenteil – mit vermehrtem Fruchtansatz ohne Holzzuwachs.

Schnittwirkung im Jahresverlauf

Entfernt man viele laubtragende Organe, sinkt die Fähigkeit des Baumes zur organischen Produktion. Das Verhältnis verschiebt sich zugunsten mineralischer Nährsalze, was zur gewünschten kräftigen Holztriebbildung führt, zum Beispiel beim Verjüngungsschnitt. Fördert man dagegen eine gut belichtete, ausgewogene Belaubung, erhöht sich die Produzentenleistung des Baumes. Dies begünstigt die Bildung von Kurztrieben und Fruchtholz.

Der stärkste Längenzuwachs der Triebe erfolgt in der Regel zwischen Mitte Mai und Anfang Juni, kann in feuchten Jahren jedoch bis in den Herbst, teilweise bis zum ersten Frost, andauern. Der Zuwachs an den Langtrieben endet meist im Oktober, die Laubfallzeit variiert je nach Obstart, Sorte und Standort. Ab August, mit kürzer werdenden Tagen und fallenden Temperaturen, verlangsamt sich das Wachstum zunehmend.

In den einzelnen Phasen der Wachstumszyklen treten bei gleichem Standort natürliche Schwankungen auf, diese sind von Jahr zu Jahr unterschiedlich. Für den Schnitt ist dies insofern von Bedeutung, dass zum Beispiel ein Rückschnitt im Winter, spät ausgeführt und zeitlich nah am Austrieb, nur kurze Neutriebe hervorbringt.

Einflüsse der Erziehung und Pflege auf die Fruchtbarkeit

Aststellung und Belichtung: Eine ausreichend weite Aststellung, zum Beispiel beim formlosen Fächerspalier, sorgt für gute Belichtung, gibt Raum für kurzes und langes Fruchtholz, ein Waagerechtbinden von Seitentrieben fördert die Fruchtholzbildung.

Kurztrieb- und Rosettenbildung: Die Bildung von Kurztrieben, Ringel- und Fruchtspießen sowie Blattrosetten ist stets mit geringem Längenwachstum, aber einer großen Gesamtblattfläche verbunden, was zu einem Überschuss an organischen Bildungsstoffen und letztendlich zu hoher Fruchtbarkeit führt. Alle Formen von Kurztrieben (Ringel- und Fruchtspieße, Fruchtruten, Blattrosetten) gelten als blühbereite Organe und werden grundsätzlich nicht entspitzt.

Entspitzen/Pinzieren: Das Entspitzen junger Triebe bewirkt einen Überschuss an organischen Bildungsstoffen, was zu höherer Fruchtbarkeit führt.

Auslichten: Ein maßvolles Auslichten führt zu vermehrter Bildung von organischen Bildungsstoffen, einem Stoffüberschuss, der die Fruchtbarkeit fördert.

Verjüngung von altem Fruchtholz: Die Verjüngung von überaltertem Frucht- oder Quirlholz verbessert die Nährstoffversorgung der verbleibenden Triebe und steigert somit die Fruchtbarkeit.

Verwendung schwachwachsender Unterlagen: Die Wahl artfremder, schwächer wachsender Unterlagen wirkt sich ebenfalls positiv auf die Fruchtbarkeit aus: Triebe bleiben kurztriebig, während gleichzeitig eine große Blattfläche ausgebildet wird. Durch den begrenzten Holzzuwachs entsteht ein erheblicher Überschuss an Bildungsstoffen, der zu frühem und zuverlässigem Fruchtertrag führt.

Grundvoraussetzung für den Spalierobstbau ist ein geeigneter Standort. Optimal sind gut wasserführende, nährstoffreiche, warme Böden. Eine sonnige Lage fördert die Assimilation und begünstigt sowohl kräftiges Triebwachstum als auch zuverlässige Blütenbildung.

Eine detaillierte Übersicht der jahreszeitlichen Arbeiten findet sich im «Arbeitskalender Spalierobst» im Anhang.

Die Knospen, Triebe und Zweige beim Kernobst

Knospen

Rein äußerlich lassen sich beim Kernobst die unterschiedlichen Knospen oder Augen gut voneinander unterscheiden. Aus flach und spitz zulaufenden Knospen entstehen Holz- oder Blatttriebe, aus rundbauchigen dagegen Frucht- oder Blütenknospen. Eine Besonderheit beim Kernobst ist das Vorkommen zweier charakteristischer Knospentypen: zum einen die sogenannte Blattknospe, aus der sich Kurztriebe entwickeln, zum anderen eine deutlich rundliche Holzknopse an der Spitze kräftiger Langtriebe.

Holz- und Blütenknospen sind häufig von sogenannten schlafenden Augen (Beiaugen) begleitet. Diese Reserveknospen können über Jahre hinweg lebensfähig bleiben. Besonders wertvoll im Spalierobstbau sind die schlafenden Augen an der Triebbasis, die beim Zapfenschnitt (siehe Seiten 115/116) genutzt werden. Im Gegensatz zum Kernobst sind beim Steinobst Knospen nur ein Jahr lebensfähig. Beiaugen sind kaum ausgebildet und trocknen zudem häufig aus, wenn die Hauptknospe nicht austreibt. Dies führt letztlich zum Verkahlen der Triebe.

An der Unterseite eines Zapfens ist ein junger Holztrieb entstanden.

Triebe

Langtriebe sind überwiegend Holztriebe und dienen primär dem Kronenaufbau. In den Blattachseln befinden sich Holzknospen, aus denen Lang- oder Kurztriebe entstehen.
Fruchtholz: Kurztrieb unterschiedlicher Länge und Altersstufen:

- **Fruchtspross:** Kurztrieb aus einer Blattrosette, mit einer Blüte an der Spitze
- **Ringelspieß:** mehrjähriger Fruchtspross, umgeben von einer Blattrosette
- **Fruchtrute:** bis zu 30 cm langer Trieb, endständig mit einer Blütenknospe besetzt.
- **Fruchtkuchen:** verdickte, vernarbte Bereiche am Fruchtholz, an denen die vorjährigen Fruchtstiele saßen.
- **Fruchtstiele:** hier liegen wichtige Reservestoffe für die Blüten- und Fruchtbildung. Beim erneuten Austrieb entstehen häufig blütentragende Kurztriebe, sodass sich Quirlholz bildet. Ein Übermaß an Quirlholz kann die Fruchtgröße und Qualität beeinträchtigen.

Fruchtspross an jungem Apfeltrieb.

Vorzeitige Triebe (Johannistriebe)

Bei starkem Wachstum können im Juni und Juli Achselknospen noch im selben Jahr austreiben. Diese vorzeitigen Triebe sind eigentlich für den Austrieb im Folgejahr vorgesehen und entstehen vor allem bei kräftigem Wuchs.

Junge Holztriebe und einzelner Ringelspieß bei der Birne.

Zweige

Zweige sind schwächere, bereits verzweigte Triebe. Sie besitzen schlafende Augen und können, wenn sie Früchte tragen, zu Fruchtzweigen werden. Auch ein junger Leittrieb im Kronengerüst zählt zu den Zweigen.

Das formlose Fächerspalier

Grundlagen

Bei der Heranbildung des formlosen Fächerspaliers kann von einer naturnahen Erziehung gesprochen werden. Diese Spalierform eignet sich besonders für Obstarten und -sorten, die aufgrund ihrer Wuchseigenschaften keine streng formale Erziehungsform zulassen.

Ein wesentlicher Vorteil der formlosen Fächererziehung liegt in der einfachen Schnittmethode. Vor allem für starkwüchsige Sorten oder stark treibende Unterlagen ist diese Erziehungsform geradezu ideal. Als Faustregel gilt: Je niederschlagsreicher und tiefgründiger der Standort, je kräftiger der Wuchs und, wenn schneller Erträge gewünscht ist, desto eher empfiehlt sich das formlose Fächerspalier.

Besonders geeignet sind Sorten, die am mittellangen bis langen Fruchtholz blühen und zudem starkwüchsig sind. Demgegenüber steht der klassische, kurze Fruchtholzschnitt, der sich besonders bei Sorten bewährt, die kurzes Fruchtholz ausbilden, einen mäßigen Wuchs zeigen und an trockenen, warmen Standorten gedeihen.

Durch diese Schnittbehandlung des formlosen Fächers entsteht ein tragfähiges, straff aufgebautes Leitastgerüst mit guter Innengarnierung. Die länger behandelten Fruchtholzbereiche ermöglichen frühe Erträge. Die breitpyramidale Form sorgt zusätzlich für eine übersichtliche Struktur: Leit- und Fruchtäste sind klar voneinander unterscheidbar, sodass etwaige Verjüngungsmaßnahmen einfach und fachgerecht durchgeführt werden können. Eine Sommerbehandlung entfällt hier vollständig, was den jährlichen Arbeitsaufwand an Schnittmaßnahmen erheblich reduziert.

Beide Schnittarten lassen sich problemlos kombinieren, um Sorten- und Wuchseigenschaften sowie Standort- und Bodenverhältnisse optimal auszugleichen.

Älteres, formloses Fächerspalier.

Unterlagenauswahl

Obstgehölze werden nur selten generativ (geschlechtlich) vermehrt, sondern müssen, um Nachkommen mit identischen Eigenschaften der Muttersorte (Edelsorte) zu erhalten, vegetativ (ungeschlechtlich) über organische Teile wie zum Beispiel Edelreiser oder Augen vermehrt werden. In den Baumschulen sind dafür zwei Verfahren gebräuchlich: durch Okulation, bei der ein Auge bzw. eine Knospe der Edelsorte in die Unterlage eingesetzt wird, oder durch Pfropf- und Kopulationsverfahren, bei der die Unterlage mit einem Triebstück der Edelsorte verbunden wird.

Verfrühte Fruchtbarkeit durch Unterlagenwahl: Die Unterlage beeinflusst in hohem Maße Wuchskraft und Fruchtbarkeit der Edelsorte. Besonders bei Apfel und Birne werden schwachwachsende Unterlagen eingesetzt, um das vegetative Wachstum zu bremsen, eine kleinere, besser steuerbare Krone zu erhalten und die Fruchtbarkeit zu steigern sowie zeitlich vorzuziehen.

Eine schwachwüchsige Unterlage sorgt dafür, dass im Verhältnis zur Blattmasse weniger Nährsalze bereitgestellt werden. Dadurch entsteht ein Assimilatüberschuss, der die Blüten- und Fruchtbildung fördert.

Eine schwachwüchsige Unterlage führt in Kombination mit einer nicht zu starkwüchsigen Edelsorte zu schwachem Wuchs, sowie bei einer starkwüchsigen Edelsorte immer noch zu einer kleinen Krone mit früherer Fruchtbarkeit als auf einer Sämlingsunterlage. Für einen erfolgreichen Spalierobstbau ist daher die gezielte Beeinflussung des physiologischen Gleichgewichts entscheidend: Die Wahl geeigneter Edelsorten und Unterlagen, kombiniert mit fachgerechtem Schnitt, Formieren und Binden.

Standort- bzw. Bodenverhältnisse sollten vor der Pflanzung sorgfältig geprüft werden. Ungünstige Verhältnisse, wie zum Beispiel Staunässe, Trockenheit oder geringe Nährstoffspeicherung, lassen sich durch die rechtzeitige Wahl einer geeigneten Veredelungsunterlage weitgehend ausgleichen.

Die Veredlungsstelle, der Übergang von Unterlage zur Edelsorte, ist durch eine leichte Verdickung meist gut erkennbar und sollte nach dem Pflanzen mindestens 10 cm über dem Boden liegen. Bodenkontakt würde dazu führen, dass die Edelsorte eigene Wurzeln bildet und dadurch die Unterlagenwirkung verliert, stärker austreibt und das gewünschte Wuchsverhalten für das Spalier massiv verändert.

Ein einmal «durchgetriebener» Spalierbaum kann durch Schnitt nicht wieder korrigiert werden. Im Gegenteil: Rückschnitt verstärkt das vegetative Wachstum zusätzlich.

Pflanzware

Gut sortierte Baumschulen bieten heute häufig mehrjährige, vorformierte Spalierbäume als Containerware (Topfware) an. Qualitätsmerkmale, die auf dem Etikett vermerkt sein sollten, sind Sortenname, Sortenbeschreibung, verwendete Unterlage und Pflanzenpass. Die Grundlage jeder Spaliererziehung ist die ein- oder zweijährige Veredlung, wobei die passende Edelreis-Unterlagen-Kombination bereits im Vorfeld sorgfältig ausgewählt werden muss.

Die einjährige Veredlung hat einen Leittrieb mit einer Mindestlänge von 60 cm, bei Pfirsich und Sauerkirsche meist mit vorzeitigen Trieben (Johannistrieben) besetzt. Bei Apfel und Birne ist dies eher selten der Fall und zudem sortenabhängig. Der erste Anschnitt dient dazu, Augen für die spätere Kronenbildung anzuregen. Die Höhe des Anschnitts richtet sich nach der gewünschten späteren Stammhöhe. Sie sollte bei Spalierformen erfahrungsgemäß nicht unter 40 cm liegen.

Nicht benötigte Augen für den Kronenaufbau können händisch ausgebrochen (ausgeblendet) werden, was die verbleibenden Augen stärkt und deren Austrieb fördert. Dabei ist zu beachten, dass bei Ausfall Ersatzknospen fehlen.

Der Vorteil einjähriger Veredelungen ist ihr guter Besatz an Fein- bzw. Haarwurzeln, was ein sicheres und zügiges Anwachsen ermöglicht.

Stehen nach gewählter Stammhöhe und erfolgtem Anschnitt ausschließlich vorzeitige Triebe statt Knospen bzw. Augen zur Kronenbildung zur Verfügung, müssen diese verhältnismäßig zur Stammverlängerung eingekürzt werden.

Hinweis zum Kauf

Beim Kauf von einjährigen Veredelungen in der Baumschule sollte darauf geachtet werden, dass diese auf keinen Fall schon angeschnitten sind oder bereits ausgeblendete Augen bzw. Knospen aufweisen.

Für die Bekleidung hoher Wände eignen sich Hochspaliere aus Kernobst, deren Grundlage ein Obsthochstamm bildet. Beim Pflanzschnitt werden zunächst alle für den Kronenaufbau nicht benötigten Triebe entfernt und alle für die Leitastbildung relevanten Triebe um die Hälfte eingekürzt. Anschließend erfolgt die Erziehung gemäß der jeweiligen Spalierform (siehe ab Seite 36).

Älteres, formloses Aprikosenspalier.

Geeignete Unterlagen für Kern- und Steinobstsorten

Apfel

M9 ('Gelber Metzer Paradies')

Die Apfelunterlage M9 entstand 1917 in East Malling/England aus einer Selektion der Apfelsorte 'Gelber Metzer Paradies'. Die Unterlage wurde beständig weiterentwickelt, woraus verschiedene neue Selektionen und Klone entstanden, die sich widerstandsfähiger gegen Krankheiten zeigen.

- Die Böden sollten humos, gut nährstoffversorgt und wasserführend sein.
- Der Ertragsbeginn setzt früh ein, bei guter Verträglichkeit mit vielen Apfelsorten.
- Durch den schwachen Wuchs eignet sich die Unterlage hervorragend für kleine Formen und Kordons.

M26

- Die Unterlage wächst schwach bis mittelstark, jedoch stärker als M9 und ist daher für schwachwüchsige Sorten geeignet.
- Bevorzugt nährstoffreiche, lockere, durchlässige Böden.
- Früher Ertragsbeginn.
- Die Unterlage ist robust und geeignet für Palmetten und Kordons.

M7

- Im Wuchsverhalten etwas kräftiger als M26.
- Gute Frosthärte.
- Frühe Erträge und gute Verträglichkeit mit fast allen Apfelsorten.
- Der Anspruch an den Boden ist gering.
- Die Unterlage wächst sowohl auf leichten wie auch auf schweren Böden.

M106

- Mittelstark wachsend.
- Gut für leichte, feuchte Böden.
- Geeignet für große Palmetten.

A2

- Starkwüchsig, jedoch etwas schwächer als der reine Sämling.
- Robust, anspruchslos an den Boden, mit guter Frosthärte.
- Nur für sehr große Wandspaliere geeignet!

Birne

Manche Birnensorten besitzen schlechte Veredlungseigenschaften mit Quitte. Um diese Unverträglichkeit zu umgehen, bedarf es einer sogenannten Zwischenveredlung, einer Birnensorte, die sich gut mit Quitte verträgt. Das bedeutet, zwischen der Quitte als Unterlage und der eigentlichen Edelsorte kommt noch eine Veredlung zum Tragen. Sorten wie 'Gellerts Butterbirne' und 'Pastorenbirne' gedeihen auf Quitte hervorragend, 'Gellerts Butterbirne' als Zwischenveredlung wirkt sich zudem ertragssteigernd aus.

Im Vergleich zum Apfel steht für die Birne eine geringere Auswahl an Unterlagen zur Verfügung. Durch aktuelle Selektions- und Züchtungsprogramme gelangen jedoch zunehmend sehr vielversprechende, verbesserte Unterlagen mit guter Wuchskontrolle und verbesserter Verträglichkeit auf den Markt.

Quitte A

Quitte A ist eine Selektion aus der Quitte von Angers und gilt als bewährte Unterlage für den Birnenanbau.

- Verträgt sich mit vielen Birnensorten gut, bei bekannten Unverträglichkeiten ist jedoch eine Zwischenveredlung zu empfehlen.
- Die Unterlage zeichnet sich durch einen schwachen bis mittleren Wuchs und einen sehr frühen Ertragsbeginn aus.
- Quitte A reagiert empfindlich auf Trockenheit und benötigt daher gut durchlässige, nährstoffreiche und ausreichend feuchte Böden.
- Geeignet für kleine Spalierformen.

Quitte BA 29

- Quitte BA 29 ist die kräftigste Quittenunterlage und zeigt einen mittelstarken Wuchs.
- Vielseitig verwendbare Unterlage mit guter Kalk- und Trockenheitstoleranz.
- Früher Ertragsbeginn, geeignet für viele Spalierformen.

OHF-Serie

Die OHF-Serie umfasst mehrere Unterlagen-Selektionen mit mittelstarkem Wuchs.

- Besonders die Unterlagen OHF 69 und OHF 87 zeigen eine sehr gute Verträglichkeit mit nahezu allen Birnensorten.
- Robust und tolerant gegen Feuerbrand und Birnenverfall.
- Für viele Spalierformen geeignet.

Aprikose

Wavit

- Selektierte Zwetschgenunterlage mit mittelstarkem Wuchs und frühem Ertragseintritt.
- Klimatisch robust, zeigt eine gute Toleranz gegenüber Chlorose.
- Bildet keine Wurzelausläufer.
- Gute Verträglichkeit mit allen Aprikosensorten.
- Für Palmetten geeignet.

St. Julien A

- Etwas stärkere Wuchskraft als Wavit.
- Die Unterlage bildet weniger Wurzelausläufer und zeigt sich insgesamt gesünder als St. Julien GF 6755/2.
- Robust gegen Bakterienbrand.
- Kommt mit schweren und feuchten Böden gut zurecht.
- Der Ertrag setzt früh ein.
- Für Palmetten geeignet.

Myrobalane

- Starkwüchsige Unterlage.
- Stellt kaum Ansprüche an den Boden.
- Verträgt Trockenheit.
- Geeignet für Hochstämme.

Pfirsich

St. Julien A

- Eignet sich als Pfirsichunterlage.
- Besonders gut geeignet für feuchte Böden und für Standorte im Hausgarten, wo unter Umständen reichlich gewässert wird.
- Die Unterlage zeigt eine intensive Bewurzelung, was ein gutes Anwachsen gewährleistet.
- Für Palmetten geeignet.

Rubira

- Sämling mit mittlerer Wuchskraft.
- Sehr gute Fruchtbarkeit.

Montclar

- Pfirsichsämling mit sehr kräftigem Wuchs.
- Beste Fruchtqualität.
- Benötigt gut durchlässige, kalkarme und nicht zu feuchte Böden.
- Vergleichbare Unterlagen sind BVA und INRA GF 305. Alle drei eignen sich für die Erziehung von Halb- und Hochstämmen.

Sauerkirsche

GiSelA5

- Schwach- bis mittelstarkwüchsige Kirschunterlage mit guter Standfestigkeit.
- Bevorzugt gut durchlüftete Böden, kommt jedoch mit sehr unterschiedlichen Standorten zurecht.
- Frosthart, bei Trockenheit eventuell wässern.
- Für Palmetten geeignet.

Colt

- Mittelstark wachsend.
- Für feuchte und tiefgründige Böden.
- Gute Fruchtbarkeit.
- Für Palmetten geeignet.

Piku 1

- Mittelstarkwüchsige Unterlage.
- Besonders für leichte und trockene Böden geeignet.
- Ideal für reichtragende Sorten.
- Für Palmetten geeignet.

Sämling F12/1

- Starkwüchsig.
- Für alle Böden geeignet.
- Frosthart.
- Für Hochstämme geeignet.

Schnittmethoden an Formobstbäumen

Der klassische Fruchtholzschnitt

Der Formobstbaum stellt eine reine Kunstform der Obstkultur dar. Sein naturferner Kronenaufbau besteht ausschließlich aus Leitästen, die in der Regel einen Abstand von 40 cm zueinander besitzen. Alle Nebentriebe auf diesen Leitästen werden einem strengen Fruchtholzschnitt unterzogen.

Der klassische Fruchtholzschnitt findet vor allem beim Kernobst Anwendung und verfolgt das Ziel, fruchtbares Kurzholz zu bilden. Vorhandene Holztriebe werden durch gezielte Eingriffe wie Pinzieren und den anschließenden Fruchtholzschnitt in fruchttragende Triebe umgewandelt (Holztrieb-Umwandlung). Meist handelt es sich hierbei um Langtriebe, die sich nach dem Anschnitt der Leitastverlängerungen unterhalb der Schnittstelle neu gebildet haben und umgewandelt werden. Durch den Umwandlungsschnitt entsteht an Stellen Fruchtholz, wo von Natur aus keines vorgesehen war. Als Leitsatz gilt: Fruchtholz sollte immer so nah wie möglich an der Basis von Leit- und Nebenästen stehen. Anders verhält es sich beim Steinobst, bei dem der einjährige Trieb Frucht- und Holztrieb in einem ist. Zur Neutriebbildung muss daher der abgetragene Fruchttrieb durch Schnitt entfernt werden.

Triebumwandlung. Nach dem Entspitzen im Sommer werden im darauffolgenden Winter die behandelten Triebe auf drei Augen zurückgenommen. Im Bild ist die Schnittstelle des vorangegangenen Winters noch gut zu sehen.

Geeignete Sorten

Für die Erziehung von Spalierobstbäumen, speziell zu strengen Formen, eignen sich vor allem Sorten, die von Natur aus kurzes Fruchtholz bilden. Bei Sorten, die bevorzugt lange Fruchtruten hervorbringen, sollte bereits im Vorfeld der Erziehung ein größerer Leitastabstand (mindestens 60 cm) gewählt werden. Hier ist der klassische Fruchtholzschnitt nicht geeignet.

Starkwüchsige Sorten reagieren häufig mit kräftiger Holztriebbildung und sind daher weniger geeignet. Schwachwüchsige Sorten dagegen werden durch den klassischen Fruchtholzschnitt zu ständiger Neutriebbildung angeregt, was ihre Wuchskraft stabilisiert.

Für die praktische Anwendung ist es wichtig, die natürliche Fruchtholzbildung der Sorten zu kennen. Die natürliche Fruchtholzbildung der verschiedenen Sorten ist unabhängig von der Wuchsstärke. Zum Verständnis: Kurzes Fruchtholz sind überwiegend Frucht- und Ringelspieße, mittellanges Fruchtholz zeigt sich in Form von Fruchtspießen und kurzen Fruchtruten, langes Fruchtholz sind vorwiegend lange Fruchtruten. Sorten mit langem Fruchtholz sollten nicht dem kurzen Fruchtholzschnitt unterzogen werden, denn dabei werden die wertvollen Fruchtruten entfernt.

Einfluss von Klima, Standort und Unterlagen

Gute Ergebnisse erzielt der klassische Fruchtholzschnitt bei warmem Klima und warmen, gut durchlüfteten Standorten mit trockenen bis mäßig feuchten Böden. Weniger günstig sind kühle Lagen, Regionen mit hoher Luftfeuchte oder dauerhaft nassen Böden. Bewährt haben sich Apfelsorten auf schwach- bis mittelstarkwüchsigen Unterlagen und Birnensorten auf geeigneten Quittenunterlagen.

Ablauf

Der klassische Fruchtholzschnitt an Kernobstbäumen gliedert sich in mehrere aufeinander aufbauende Einzelmaßnahmen. Die Methode setzt ein gutes Verständnis des Wachstumsverhaltens voraus und sollte erst nach sicherer Kenntnis der Schnittwirkung angewendet werden.

Wird ein Leitast beim Kernobst angeschnitten (zum Beispiel während der Erziehungsphase), bildet der Baum unterhalb des Anschnitts neue Langtriebe. Diese werden, mit Ausnahme der Leitastverlängerung, frühzeitig in ihrem Wachstum begrenzt und anschließend nach und nach zu Fruchtzweigen umgewandelt (Holztriebumwandlung). Der erste Schritt dieser Umwandlung ist das Entspitzen (Pinzieren) der neu entstandenen Langtriebe. Nicht betroffen von diesen Eingriffen sind tiefer sitzende Kurztriebe, Fruchtspieße, Fruchtsprosse und Fruchtruten. Diese verbleiben unverändert, da sie bereits fruchtbar oder fruchtbereit sind.

Natürliche Fruchtholzbildung an Kernobstbäumen.

Das kurze Fruchtholz wird lediglich beim Winterschnitt verjüngt und immer so nah wie möglich am Leitast gehalten.

Erstes Entspitzen/Pinzieren

Das Entspitzen der noch grünen Triebe (Sommerbehandlung) erfolgt in der Zeit von Ende Mai bis Anfang Juni. Entscheidend für den Erfolg ist der richtige Zeitpunkt. Dieser ist erreicht, sobald der anfangs noch krautige Neutrieb grundständig fester wird, also zu verholzen beginnt.

Entspitzt wird zwischen dem 3. und 5. vollständigen Blatt; die untersten, unvollkommenen Blättchen sowie Blattrosetten werden dabei nicht mitgezählt. Ob kurz oder lang entspitzt wird, hängt von der Wuchsstärke des zu behandelnden Triebes ab, von der Sorteneigenschaft und der Entwicklungsphase, in der sich der Spalierbaum gerade befindet. In der Erziehungsphase wird meist länger entspitzt.

Das Ergebnis des Entspitzens ist eine Stärkung der zweiten Knospe und somit deren Entwicklung zu einem Fruchtspross. Je stärker ein Trieb ist, umso kürzer sollte er entspitzt werden, das heißt, bei starken Trieben kann bis auf zwei Blätter zurückgenommen werden.

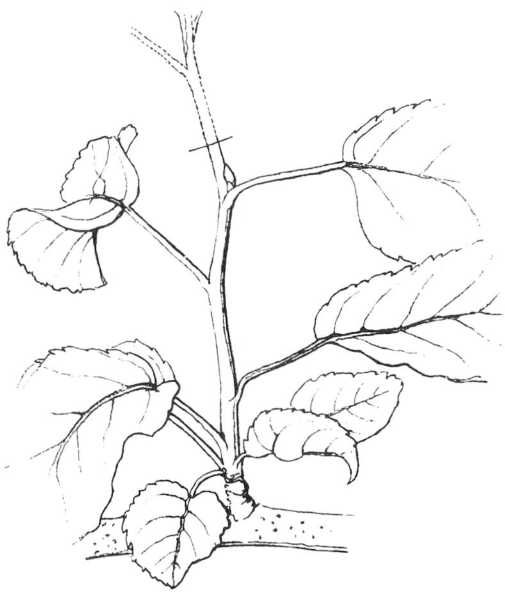

Das Entspitzen eines grünen Triebes über dem dritten vollkommenen Blatt.

Die Reaktion auf das erste Entspitzen ist ein Neutrieb. Dieser wird wiederum nach dem zweiten bis dritten vollständigen Blatt entspitzt.

Tritt die Situation ein, dass nach dem ersten Entspitzen mehrere Augen austreiben, also sich zwei oder gar drei Neutriebe gebildet haben, werden alle Neutriebe bis auf den untersten, also den schwächsten, komplett entfernt (Grünschnitt). Der verbliebene Trieb wird dann über dem zweiten oder dritten Blatt entspitzt.

Sonderfall Birne

Bei vielen Birnensorten sind die untersten Knospen schwach ausgebildet. Daher sollte hier grundsätzlich länger entspitzt werden, um ausreichend kräftige Fruchtknospen zu sichern.

Behandlung wasserschoßartiger Triebe

Auf waagerecht oder schräg gestellten Leitästen entstehen im Bereich der Biegestellen häufig kräftige, wasserschoßartige Neutriebe. Diese sollten nicht entspitzt, sondern bis auf die Blattrosette zurückgeschnitten werden (Grünschnitt). Diese stark versorgten Triebe würden trotz Entspitzens immer wieder neue Holztriebe bilden. Durch den Rückschnitt werden dagegen Nebenaugen an der Blattrosette zum Austreiben angeregt. Ihr Austrieb ist schwach und bildet sich im Folgejahr selbstständig zu Fruchtholz um.

Das Bild zeigt den Holztrieb einer Birne. Sichtbar ist die farbliche Veränderung: Der noch grüne, krautige Trieb beginnt zu verholzen. Das ist der richtige Zeitpunkt zum Entspitzen.

Zweites Entspitzen/Pinzieren

Entsteht nach dem ersten Entspitzen aus dem obersten Auge lediglich ein neuer Langtrieb, so wird dieser, sobald er ausreichend entwickelt ist, im Juli bzw. August über dem zweiten Blatt entspitzt.

Haben sich nach dem ersten Entspitzen mehrere neue Triebe gebildet, erfolgt zunächst eine Auswahl: Alle neu entstandenen Triebe werden bis auf den schwächsten, also den untersten und in seiner Stellung dem Haupttrieb am nächsten stehenden, entfernt (Grünschnitt). Der verbleibende Trieb wird anschließend auf 2–3 Blätter entspitzt.

Ein drittes Entspitzen entfällt. Die zu diesem Zeitpunkt daraus entstehenden Triebe würden meist nicht mehr ausreifen, könnten dadurch frostgefährdet sein, und es ginge wichtige Blattmasse verloren. Durch den Winterschnitt erfolgt ohnehin automatisch die notwendige Formkorrektur. Bilden sich Holztriebe auf bereits älterem Fruchtholz, wird beim ersten Entspitzen auf zwei und beim zweiten Entspitzen auf ein Auge zurückgenommen, um das Fruchtholz kurz zu halten.

Der Winterschnitt

Mit dem Winterschnitt kann nach Abklingen der letzten Frostperiode, meist im März, begonnen werden. Befindet sich der Spalierbaum noch in der Erziehungsphase, wird die Leitastverlängerung auf maximal 25 cm zurückgeschnitten. Die im Vorjahr entspitzten Triebe werden auf 3 Augen zurückgenommen, der daraus resultierende Neutrieb wird wie im Jahr zuvor behandelt. Diese Vorgehensweise wiederholt sich so lange, bis an den betreffenden Trieben deutlich erkennbare Blütenknospen gebildet wurden. Ab diesem Zeitpunkt erfolgt der Winterschnitt immer auf 2–3 Blütenknospen. Durch diesen Rückschnitt auf eine geringe Zahl an Blütenknospen wird der meist sortenbedingten Alternanz begegnet.

Birnenspalier in der Erziehungsphase. Die Leitastverlängerung wurde auf ca. 25 cm zurückgenommen. Die seitlichen Holztriebe sind auf drei Augen zurückgeschnitten, der Fruchtspieß ganz unten rechts im Bild bleibt unbeschnitten.

Umgang mit Quirlholz

Quirlholz entsteht über die Jahre durch die Verzweigung mehrerer Kurztriebe und setzt sich überwiegend aus Ringel- und Fruchtspießen zusammen. Im Winterschnitt sollte Quirlholz ausgelichtet werden, wobei die Stellung und Verteilung der Blütenanlagen unbedingt zu beachten ist.

Verjüngung von Quirlholz am Kernobst.

Zusätzliche Maßnahmen

Im Mai sollten Verzweigungen an den Holztrieben entfernt werden. Jeder Trieb benötigt lediglich eine einzige Verlängerung. Holztriebe, die zu Fruchtholz umgewandelt werden und zu dicht stehen, müssen entfernt werden – sie benötigen einen Mindestabstand von 10 cm zueinander.

Stehen die Augen an der Leitastverlängerung zu eng beieinander, sollten diese ausgebrochen werden. Insbesondere Augen auf der Rückseite der Leitastverlängerung (Wandseite), und Konkurrenzknospen im unmittelbaren Bereich der Leitastverlängerung sind zu entfernen.

Leitsatz

Das Entspitzen darf weder zu früh noch zu spät erfolgen. Wird zu früh entspitzt, kann der Trieb unter Umständen verkümmern. Erfolgt das Entspitzen dagegen zu spät, kann dies weitere Knospen zum Austrieb anregen, mit dem Ergebnis einer unerwünschten, übermäßigen Holztriebbildung.

Wenn möglich, und sofern der Arbeitsaufwand vertretbar ist, sollte das Entspitzen mit dem Daumennagel durchgeführt werden. Dabei entsteht eine fasrige Wunde, ein Rest der noch grünen Rinde bleibt stehen und trocknet später ein, was unbedenklich ist. Dieser unscharfe Riss-Schnitt bewirkt einen Saftstau, wodurch die verbliebenen Knospen besonders gut versorgt und zur Blütenbildung angeregt werden.

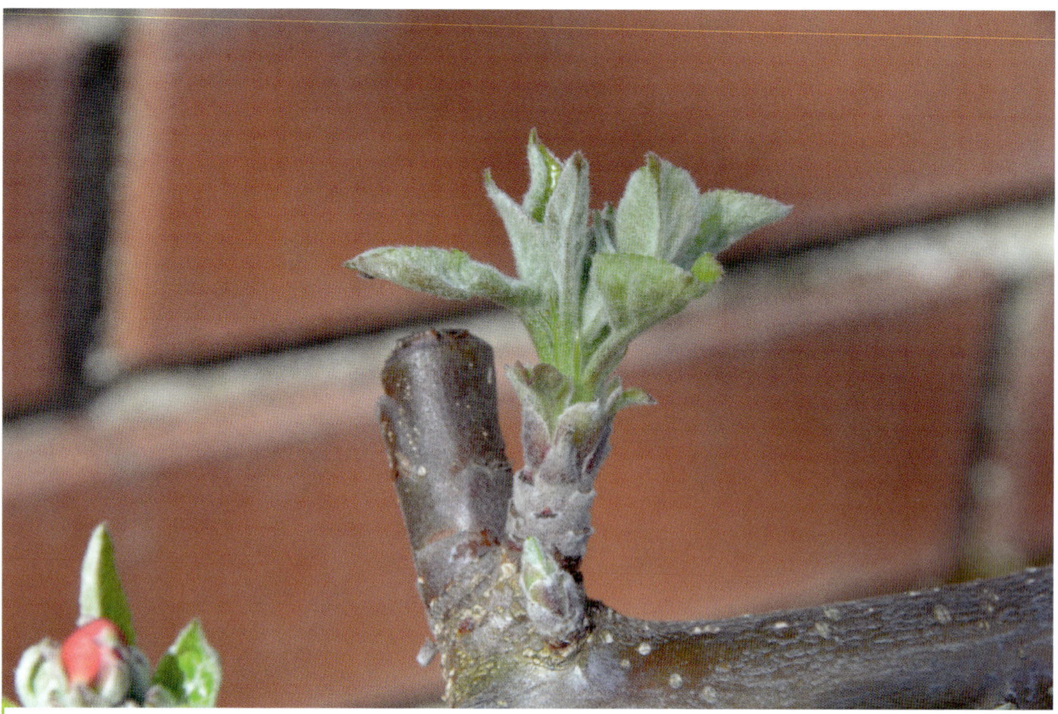

Gewünschtes Ergebnis der sogenannten Holztriebumwandlung nach dem 2. bzw. 3. Jahr: die Bildung von Fruchtholz.

Der Lorette-Schnitt

Kurz nach 1900 entwickelte Louis Lorette, ein französischer Gärtner und Pomologe, die nach ihm benannte Schnittmethode, die sich in den Vorkriegsjahren vor allem im Norden Frankreichs, also in eher kühleren Regionen, großer Beliebtheit erfreute. Besonders an Birnen erzielte man damit sehr gute Ergebnisse. Der Lorette-Schnitt ermöglicht frühe und zuverlässige Erträge, kann jedoch bei unsachgemäßer Anwendung zu einem frühen Erschöpfen der Bäume führen.

Im Gegensatz zum klassischen Fruchtholzschnitt liegt der Schwerpunkt beim Lorette-Schnitt auf der Sommerbehandlung. Die im Laufe des Jahres neu entstandenen Triebe werden nicht pinziert, sondern zurückgeschnitten, um die an der Triebbasis befindlichen Nebenaugen zu stärken und die Bildung von Blütenknospen anzuregen. Der richtige Schnittzeitpunkt richtet sich nach dem Entwicklungszustand der Neutriebe. Klimatische Unterschiede zwischen den Regionen machen eine einheitliche Datierung unmöglich. Ein zu früher Rückschnitt führt leicht zu erneutem, unerwünschtem Durchtreiben.

Beim Lorette-Schnitt überwiegt der Grünschnitt im Sommer, diese Schnittmethode wird bevorzugt bei der Birne angewendet.

Erster Sommerschnitt (ab Ende Juni)

Der im Jahreslauf entstandene Neutrieb – mit Ausnahme der Leitastverlängerung, die auf einer Blattrosette steht – wird, sobald dieser zu verholzen beginnt, circa 2 cm über der Blattrosette entfernt. Steht der Neutrieb direkt am alten Holz, wird er bis auf 3 Blätter zurückgeschnitten: Wichtig: Es dürfen keine blattlosen Stummel entstehen!

Erkennungszeichen für beginnende Verholzung:

- krautiger Trieb: hellgrün, weich, geschmeidig.
- verholzender Trieb: stabiler, Farbwechsel von rotbraun zu graugrün.
- deutlich sichtbare Lentizellen auf der Rinde.

Zweite Durchsicht (Ende Juli/Anfang August)

Alle verholzten Neutriebe mit Bleistiftstärke werden wie oben beschrieben zurückgeschnitten. Triebe, die an altem Fruchtholz stehen, werden jetzt über dem ersten erkennbaren Auge eingekürzt.

Behandlung der Fruchtspieße

Haben sich aus Endknospen kräftige Triebe entwickelt, werden diese unmittelbar über der Blattrosette entfernt.

Fruchtkuchen

Triebe, die sich am Fruchtkuchen gebildet haben, werden auf das unterste Blatt zurückgeschnitten.

Neutriebe an den Leitästen

Kräftige Neutriebe an den Leitästen werden auf 6–8 Blätter, idealerweise durch Abbrechen, nicht durch Schneiden, zurückgenommen. Diese im Sommer behandelten Neutriebe werden im folgenden Frühjahr auf 4 Augen zurückgeschnitten und anschließend weiterbehandelt wie zuvor beschrieben.

Behandlung der Neutriebe aus Stummeln

Sind aus den Stummeln Neutriebe entstanden, werden diese im September bis auf 2 Blätter zurückgeschnitten.

Der Lorette-Schnitt ist ein reiner Sommerschnitt. Optisch erscheinen Formobstbäume bis zur Entfernung der Neutriebe teilweise unfertig oder wenig geformt; dies ist jedoch ohne Bedeutung und beeinträchtigt die Entwicklung keineswegs.

Lorettes Methode geriet im Laufe der Zeit gegenüber dem klassischen Fruchtholzschnitt etwas in den Hintergrund. Dennoch gehört sie berechtigterweise zur Formobstkultur und verdient es, nicht in Vergessenheit zu geraten.

Das formlose Aprikosen-spalier

Standort, Boden und Unterlage

Die Aprikose, auch Marille genannt, wurde bereits um 3000 v.Chr. in China angebaut. Über Asien gelangte die beliebte Obstart schließlich nach Europa. Als freistehender Baum ist die Aprikosenblüte häufig spätfrostgefährdet. Aus diesem Grund wird sie bevorzugt als Wandspalier in geschützten Lagen kultiviert.

Standorte mit Bildung von Nebel und Kaltluft-Seen sollten unbedingt gemieden werden, da hier Frostschäden und Blütenausfälle auftreten können.

Für Aprikosen kommen im Spalierobstbau dieselben Unterlagen zum Einsatz wie bei Pflaumen und Pfirsichen. Die Wahl der Unterlage hat erheblichen Einfluss auf Wuchs, Standortsanpassung und Kulturführung: Auf Sämlingsunterlagen veredelte Aprikosen bilden ein weitreichendes, mit Pfahlwurzel versehenes, kräftiges Wurzelwerk aus. Mittelstark- bis schwachwüchsige Unterlagen besitzen hingegen eher ein flaches Wurzelsystem.

Gerade bei Aprikosen kommt der an den Standort angepassten Unterlagenwahl große Bedeutung zu. Sämlingsunterlagen sind zum Beispiel auf trockenen Standorten klar im Vorteil (siehe Kapitel «Geeignete Unterlagen»).

Das Aprikosenbaumsterben

Die Ursachen der sogenannten Apoplexie («Schlagtreffen») bei Aprikosen sind komplex. Typisch ist das plötzliche Auftreten von Welk-Erscheinungen, gefolgt vom Absterben einzelner Kronenteile und schließlich des gesamten Baumes. Besonders auffällig ist, dass diese Erscheinungen überwiegend in jungen Jahren, meist zwischen dem 4. und 7. Standjahr, auftreten, also genau in dem Zeitraum, wenn die Kronenerziehung gerade abgeschlossen ist. Ist diese kritische Phase überstanden, scheinen Aprikosen wesentlich robuster zu werden. Die Erfahrung zeigt, dass Aprikosenbäume bei guter Pflege durchaus ein Alter von 80 Jahren erreichen können.

Ein zentraler Faktor zur Vorbeugung ist die standortgerechte Wahl der Unterlage (siehe Kapitel «Geeignete Unterlagen» Seite 29).

Darüber hinaus tragen folgende Maßnahmen wesentlich zur Gesundhaltung des Aprikosenbaumes bei:

- Fruchtmumien konsequent entfernen, um Infektionsherde auszuschalten.
- Durch sachgerechten Schnitt einen beständigen Gleichklang zwischen Holz- und Fruchtzuwachs sicherstellen.
- Übermäßigen Fruchtbehang ausdünnen, um Belastung und Stress des Baumes zu reduzieren. Als Richtwert gilt: Eine Frucht alle ca. 8 cm ist für die Aprikose ausreichend.

Mit der Beachtung dieser Kulturregeln lässt sich das Risiko des Aprikosenbaumsterbens deutlich reduzieren.

Abhängig von der Sorte zeigen sich bei der Aprikose, ausgelöst durch reichlich Wachstumshormone, orangerote Triebspitzen. Diese werden entspitzt. An dem im Wachstum gehemmten Trieb bilden sich so durchgängig Blütenknospen. Färben sich die Triebspitzen grün, ist dies ein Zeichen für eine Wachstumsberuhigung.

Wärme und Feuchtigkeit

Als Standort für das Aprikosenspalier in rauen Lagen ist die Südwand eines Gebäudes am besten geeignet. Erfahrungen aus alpinen Regionen zeigen, dass Aprikosenspaliere selbst in Höhenlagen von bis zu 900 m ü. M. noch gut gedeihen, Dachvorsprünge bieten zusätzlichen Schutz vor übermäßigen Niederschlägen. In trockenen Regionen eignen sich Westwände, während im milden Weinbauklima auch Ostwände gute Ergebnisse liefern.

Um Fruchtfall zu vermeiden bzw. saftreiche Früchte zu gewährleisten, sind Wassergaben während der Fruchtbildung und Fruchtreife empfehlenswert.

Boden

Aprikosen bevorzugen warme, mäßig feuchte und gut durchlüftete, tiefgründige Böden, gerne mit höherem Kalkgehalt. Schwere Böden sollten bereits vor der Pflanzung gelockert und durch Zugaben von Sand und/oder Kompost verbessert werden. Die Aprikose reagiert sehr empfindlich auf Bodenverdichtung und Staunässe, die häufig zu Krankheiten führt.

An niedriger Wand gezogenes, formloses Aprikosenspalier ohne Mitteltrieb.

Geeignete Spalierform

Die Aprikose zeigt insgesamt einen kräftigen, strengen Wuchs nach oben, mit einer dominierenden Mittelachse in der Jugend. Aufgrund dieser Wuchseigenschaften lässt sich die Aprikose nur schwer in streng formale Spalierformen erziehen. Bewährt hat sich daher das formlose Fächerspalier, das der natürlichen Wuchsform der Aprikose am ehesten entspricht.

Für niedere Wände oder Mauern eignet sich der Buschbaum, während für höhere Hauswände ein Halb- oder Hochstamm gepflanzt werden kann. Der Platzbedarf einer fertig erzogenen Krone beträgt circa 10 m^2, bei Aprikosenhochstämmen, auf Sämlingsunterlagen veredelt, circa 20 m^2.

Je nach verfügbarer Wandfläche kann die Krone mit oder ohne Mitteltrieb erzogen werden. Ein Vorteil der formlosen Fächererziehung besteht darin, dass deutlich weniger geschnitten werden muss als bei streng formalen Spalierformen. Mit zunehmendem Alter neigt sich der Mitteltrieb und gleicht sich den Leitästen an, wodurch die Krone insgesamt breiter und flacher wird.

Für den Kronenaufbau benötigt man neben dem Mitteltrieb zwei Leitäste, alle weiteren Triebe werden entfernt. Die beiden Leittriebe, jeweils links und rechts des Mitteltriebes, werden vorformiert, indem sie entweder aufgebunden oder abgespreizt werden, sodass sie im Winkel von maximal 45° zum Mitteltrieb stehen.

Ein zu steiler Astabgang führt häufig zu übermäßigem Längenwachstum, wodurch die Leitäste mit dem Mitteltrieb konkurrieren können. Ein zu flacher Astabgang dagegen begünstigt astoberseitig eine übermäßige Triebbildung. Diese ist durch Schnittmaßnahmen nur schwer oder gar nicht in den Griff zu bekommen.

Leitast mit Lederlasche anspaliert.

Pflanzschnitt

Die beiden Leittriebe werden kräftig eingekürzt, je nach Länge um ein Drittel bis zur Hälfte – jeweils auf ein nach außen stehendes Auge. Die maximale Länge der beiden Leittriebe sollte nach dem Pflanzschnitt 30–40 cm betragen.

Der Mitteltrieb wird bis auf eine Handbreit über den Leittrieben zurückgenommen. Ziel aller folgenden Schnittmaßnahmen ist die Heranbildung von Fruchtholz an Mitteltrieb und Leitästen sowie das Erreichen eines Gleichgewichts zwischen Holzzuwachs und Fruchtbildung. Ein häufiger Fehler, insbesondere bei der Fächerform mit Mitteltrieb, ist ein zu schneller Kronenaufbau.

Wichtig: Erst wenn die unterste Astpartie flachpyramidal und gleichmäßig erzogen wurde, beginnt man mit dem Aufbau der nächsten Leitastpartie. Auf diese Weise wird ein Überbauen und Verkahlen der untersten Astpartien vermieden.

Die überwiegend selbstfruchtbare Aprikose blüht am einjährigen Holz. Neben Langtrieben entsteht reichlich kurzes Fruchtholz, das, anders als beim Pfirsich, nicht regelmäßig erneuert werden muss. Kurzes Fruchtholz bleibt in der Regel unbeschnitten, lediglich zu dicht stehende Kurztriebe werden entfernt. Zwischen den Leitästen sollte ein Abstand von mindestens 50 cm eingehalten werden, damit die Langtriebe genügend Raum zur Entwicklung haben.

Schnittzeitpunkt

Der ideale Schnittzeitpunkt liegt im Frühjahr, sobald keine stärkeren Fröste mehr zu erwarten sind, in der Regel kurz vor dem Knospenaustrieb, also von Ende Februar bis Anfang März. Ein weiterer günstiger Schnittzeitraum ist am Ende der Wachstumsphase, zwischen August und September.

Erziehungsschnitt

Zum Kronenaufbau werden die Leitäste regelmäßig angeschnitten, stets mit Augenmerk auf eine gleichmäßige Form. Der Anschnitt der Leitäste fördert die Triebkräftigung durch die Bildung neuer Verzweigungen und verhindert so ein Verkahlen der Astpartien. Auf jedem Leitast bleibt circa alle 15 cm ein Langtrieb stehen. Die übrigen Langtriebe werden «in Reserve gehalten» und auf 2–4 Augen eingekürzt. Nicht benötigte und zur Wand hin wachsende Triebe werden vollständig entfernt.

Wichtige Sommerbehandlung

Die verbliebenen Langtriebe werden im Sommer, sobald sie eine Länge von 30–40 cm erreicht haben, in konischer Form und nach Möglichkeit waagerecht entlang der Leitäste am Spaliergerüst befestigt. Um die Blütenbildung zusätzlich anzuregen und ein Verkahlen der unteren Sprossteile zu vermeiden, können diese Triebe im Juni auf circa 8 Blätter entspitzt werden.

Die kräftig orangerote Färbung der Triebspitzen zeigt eine Phase intensiven Wachstums an. Sobald sich die Triebspitze von selbst grün färbt, deutet dies auf eine Wachstumsberuhigung hin – dies ist der ideale Moment für das Entspitzen.

Älteres Aprikosenspalier, welches formlos erzogen wurde.

Erhaltungsschnitt

Bereits im Spätsommer bis einschließlich Oktober können Schnittmaßnahmen zur Erhaltung der Kronenform durchgeführt werden. Im Mittelpunkt stehen dabei die Verjüngung und Auslichtung des Fruchtholzes sowie das Entfernen von zu dicht stehenden oder abgestorbenen Trieben. Sind genügend kräftige Langtriebe vorhanden, werden diese auf 6 bis 7 Blütenknospen zurückgeschnitten, schwächere Leittriebe werden vollständig entfernt. Kräftige Leittriebe mit einem Jahreszuwachs von mehr als 50 cm sollten leicht eingekürzt werden.

Verjüngung

Bei nachlassendem Triebwachstum und einem überwiegend aus Kurztrieben bestehenden Kronenaufbau kann die Krone von oben nach unten verjüngt werden. Dabei ist darauf zu achten, die Schnittebene gleichgestellter Leitäste einzuhalten. Zur Verjüngung wird älteres Holz entfernt und jeweils auf einen aufsteigenden Langtrieb zurückgenommen. Eine engmaschige Schnittüberwachung ist nach solchen Eingriffen unbedingt erforderlich.

Regelmäßige und qualitativ hochwertige Erträge bei Aprikosen setzen eine konsequente Gesundhaltung der Bäume voraus. An erster Stelle steht hierbei ein fachgerechter Schnitt. Wird dieser zu selten durchgeführt oder bleibt im Extremfall ganz aus, kommt es zu einer inneren Verkahlung der Krone und die Früchte bleiben klein. Die Folge können massive Ertragseinbußen bis hin zum Totalausfall sein.

Tipps zur Minimierung des Ausfallrisikos

- Nur gesundes, zertifiziertes Pflanzmaterial und robuste Sorten verwenden.
- Schnittwunden der Stammverlängerung am besten verstreichen.
- Zur Verhinderung von Frostrissen empfiehlt sich ein Weißanstrich am Stamm bis zur Gerüstbasis.
- Eine späte Stickstoffdüngung im Jahr sollte unterbleiben.

Derzeit gibt es leider keine sichere Methode, das zuvor schon angeführte Aprikosenbaumsterben zu vermeiden. Durch klimatische Veränderungen ist die empfindliche Aprikosenblüte immer zeitiger im Frühjahr, daher sollte gerade in Spätfrostlagen die Wahl auf spätblühende Sorten fallen.

Empfehlenswerte Aprikosen-Sorten

'Kioto'

- Reifezeit Mitte bis Ende Juli.
- Durch frühen Austrieb kann es zu Frostschäden kommen, die späte Blüte garantiert jedoch sichere Erträge.
- Die Frucht ist mittelgroß, fest und schön ausgefärbt.
- Wächst kräftig und verzweigt gut.

'Bergeron'

- Reifezeit Ende Juli bis Anfang August.
- Späte Blüte, selbstfruchtbar mit fester, mittelgroßer, rotwangiger Frucht, sehr aromatisch.
- Der Baum ist robust und mittel- bis starkwüchsig.

'Kuresia'

- Reifezeit Ende Juli bis Anfang August.
- Selbstfruchtbar, feste, orangegelbe bis rötliche Frucht.
- Die Sorte gilt als scharkaresistent.
- Mittelstark im Wuchs.
- Bringt reichlich Blüten am einjährigen Langtrieb.

'Orangered'

- Reifezeit Anfang Juli.
- Blüht mittelspät, Frucht orangerot mit ausgeprägtem Aprikosenaroma.
- Baum ist robust, wächst kräftig, mit guter Verzweigung.
- Befruchtersorten sind unter anderem 'Kioto' und 'Ungarische Beste'.

Das formlose Pfirsichspalier

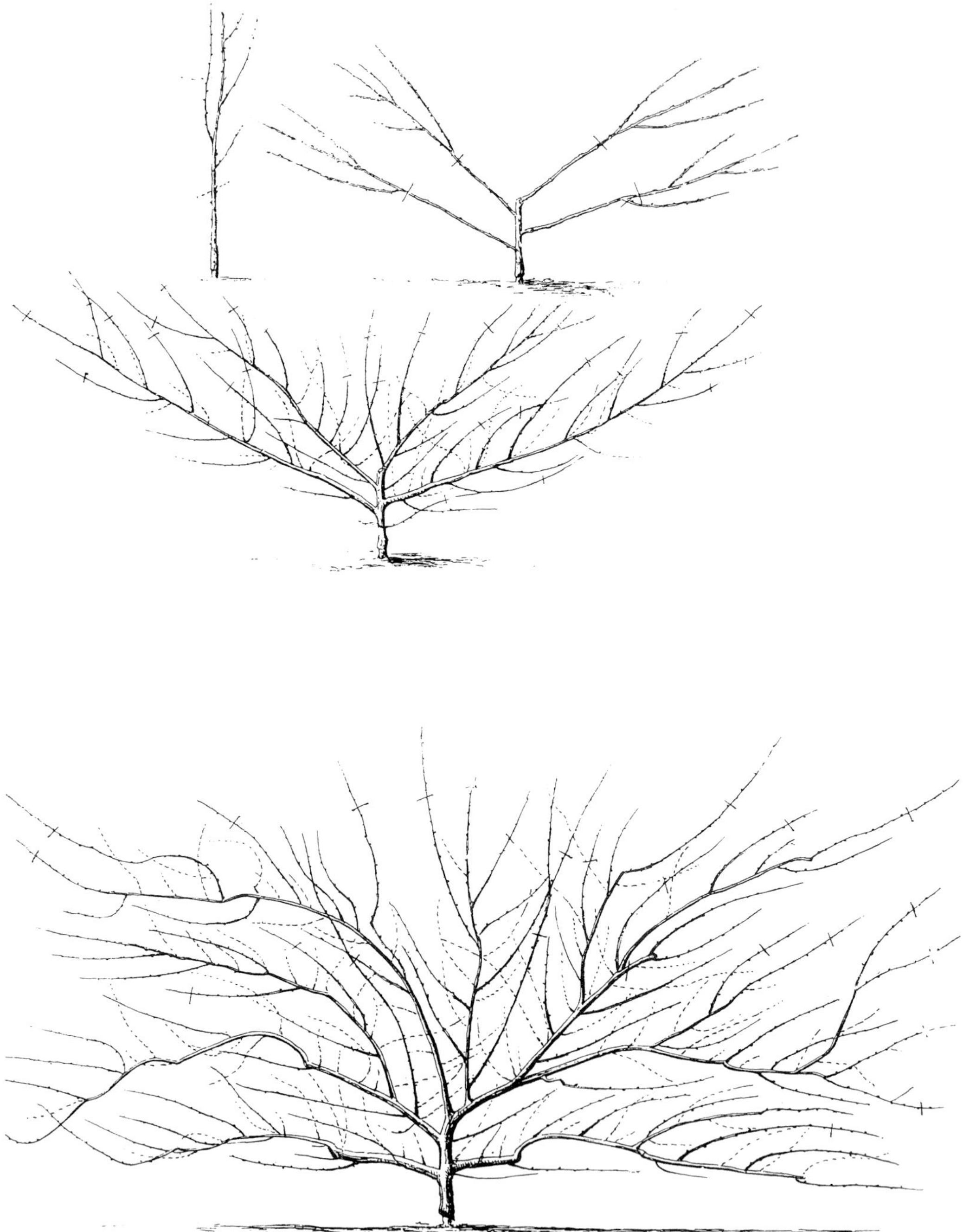

Die Erziehung eines formlosen Pfirsichspaliers ohne Mitteltrieb, beginnend nach kräftigem Rückschnitt bei der Pflanzung (Pflanzschnitt links oben). Weiter gegen den Uhrzeigersinn: stetiger und gleichmäßiger Aufbau der Krone bzw. der Leitäste von unten nach oben verjüngend. Damit wir das Verkahlen der unteren Astpartien vermieden.

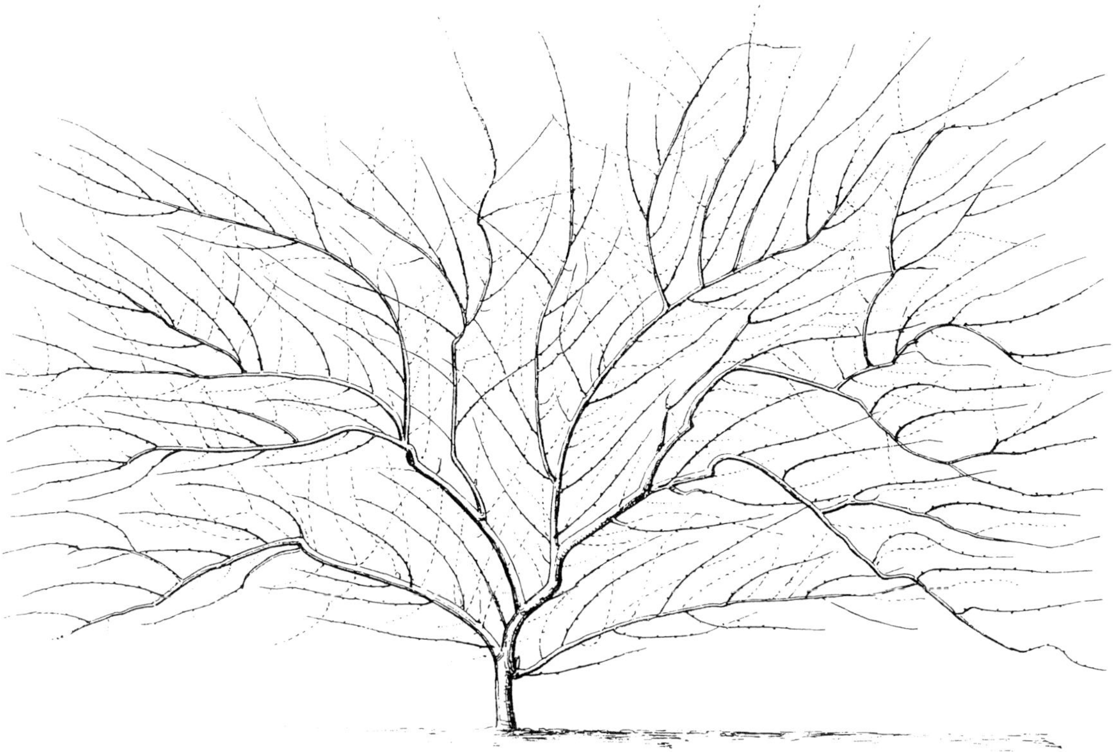

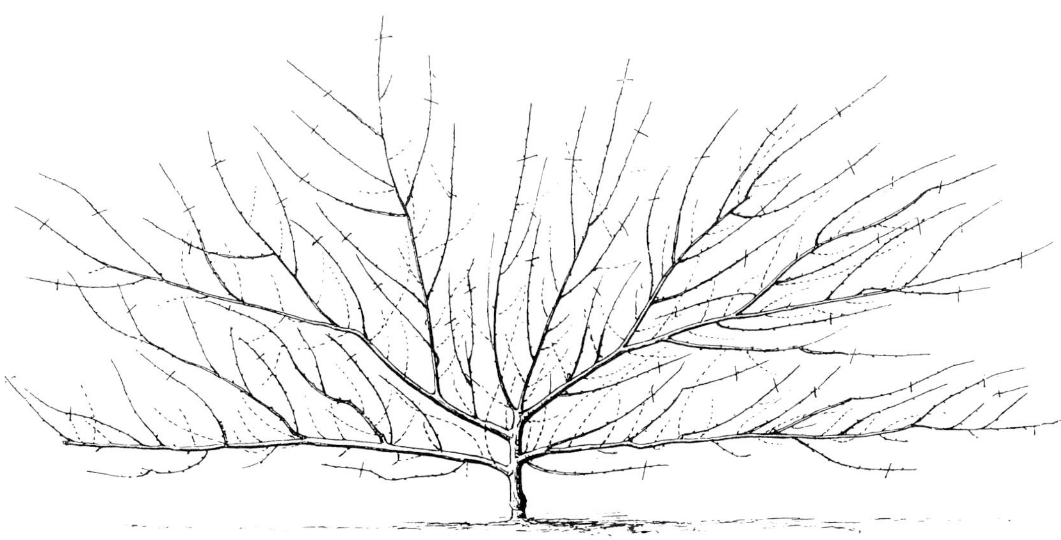

Standort, Boden und Unterlage

Die Kultur des Pfirsichs als Wandspalier bietet deutliche Vorteile hinsichtlich Ertragssicherheit und Fruchtqualität. Die an warmen Wänden gereiften Früchte werden größer, farbintensiver und aromatischer als am freistehenden Baum. Zudem ermöglicht die Wärmeabstrahlung der Wand den Anbau selbst in rauen Lagen. Ein freistehendes Spalier ist beim Pfirsich hingegen weniger empfehlenswert, da hier, anders als zum Beispiel beim Buschbaum, keine Fruchtverbesserung erzielt werden kann.

Für die Standortwahl gilt folgende Regel: frühreifende Sorten an Südostwände, spätreifende Sorten an Süd- bis Südwestwände. An einer wärmenden Wand reifen frühe Sorten ein bis zwei Wochen früher.

Ebenso wichtig ist die an die Bodenart angepasste Unterlagenwahl, da der Pfirsich lockere, durchlässige Böden bevorzugt. Während der Fruchtentwicklung spielt eine ausreichende Bodenfeuchtigkeit eine zentrale Rolle; an windexponierten oder niederschlagsabgewandten Wänden ist bei Trockenheit zusätzliches Wässern notwendig.

Auch beim Pfirsich ist die passende Unterlage entscheidend für Wuchsstärke, Ertragsbeginn und Standorttauglichkeit. So sind zum Beispiel Sämlingsunterlagen für lehmige, jedoch nicht für sehr feuchte oder staunasse Böden gut geeignet. Durch die Bandbreite der heute am Markt befindlichen Unterlagen können viele Bodenverhältnisse und Situationen berücksichtigt werden.

Pfirsichsorten unterscheiden sich in weißfleischige und gelbfleischige Typen. Weißfleischige Sorten gelten als weniger krankheitsanfällig, ihr Fruchtfleisch ist weich, mit mildfeiner Säure im Aroma. Gelbfleischige Sorten besitzen ein festes Fruchtfleisch und eine ausgeprägte Süße.

Fruchtholz und Wachstumsverhalten des Pfirsichs

Das Fruchtholz des Pfirsichs unterscheidet sich grundlegend von dem des Kernobstes. Während Kernobstbäume über Jahre am gleichen Holz blühen und fruchten – was die Bildung von Quirlholz ermöglicht – trägt der Pfirsich ausschließlich am einjährigen Holz. Das bedeutet, dass an Stellen, an denen der Pfirsich einmal geblüht oder Früchte getragen hat, nicht erneut fruchtet. Durch den jährlichen Schnitt muss stets neues einjähriges Fruchtholz gebildet werden. Die Position der Blütenknospen ist daher im Vergleich zum Kernobst ständig in Bewegung. Aus diesem Grund ist der klassische kurze Fruchtholzschnitt, wie er beim Kernobst angewendet wird, beim Pfirsich nur sehr eingeschränkt geeignet.

Geeignete Spalierformen

Im Gegensatz zur Aprikose lässt sich der Pfirsich in strengere Spalierformen, wie zum Beispiel in eine einfache oder doppelte U-Form sowie Verrier-Palmette, erziehen, was eine gute Überwachung der Form ermöglicht, jedoch höheren Schnittaufwand erfordert.

Wichtig: In den ersten 4–5 Jahren steht der Formaufbau im Vordergrund, nicht der Fruchtertrag. Die natürliche Erziehungsform des formlosen Fächerspaliers kommt den Wuchseigenschaften des Pfirsichs besonders entgegen und ermöglicht teils frühe Erträge. Voraussetzung ist jedoch eine solide Kenntnis der Triebtypen, Knospenarten und des Wachstumsverhaltens dieser Obstart.

Aufgebundener bzw. anspalierter Leitast eines Pfirsichs in der Erziehungsphase. Die Triebspitze wurde auf ein Holzauge zurückgeschnitten. Der gemischte Trieb besitzt Blüten wie auch Holzknospen. Für den Aufbau, gerade im Bereich der Leitastspitze, werden nicht benötigte Seitentriebe auf Holzaugen kurzgeschnitten.

Fruchttrieb des Pfirsichs mit endständig austreibender Holzknospe. Um die einzelnen Knospen- und Triebanlagen beim Schnitt besser zu unterscheiden, wird der Pfirsich idealerweise kurz vor der Blüte geschnitten. So sind auch Frostschäden nach dem Winter leichter zu erkennen.

Triebe und Knospen des Pfirsichs

Der falsche Fruchttrieb ist über seine gesamte Länge mit Blütenknospen besetzt, lediglich die Endknospe ist eine Holzknospe. Mangels Blattbüschel werden die daran gebildeten Früchte nicht genügend ernährt, bleiben klein, fallen häufig vorzeitig ab, und die Triebe verkahlen in der Regel. Falsche Fruchttriebe werden daher auf Astring geschnitten, komplett entfernt, mit einer Ausnahme: Sind keine anderen geeigneten Fruchttriebe vorhanden, werden falsche Fruchttriebe belassen und leicht eingekürzt.

Der wahre Fruchttrieb, auch echter Fruchttrieb genannt, bildet sowohl an der Basis als auch an der Triebspitze Holzknospen. Auf der übrigen Trieblänge befinden sich überwiegend Doppel- und Dreifachknospen. Doppelknospen bestehen aus einer Blatt-/Holzknospe und einer Blütenknospe, Dreifachknospen, die am häufigsten auftreten, bestehen aus einer mittleren Blatt- bzw. Holzknospe, flankiert von zwei Blütenknospen.

Der Holztrieb besitzt nur Blatt- und Holzknospen, nur selten befindet sich an der Triebspitze eine Blütenknospe.

Der vorzeitige Trieb

Bei jungen Pfirsichbäumen kann es vorkommen, dass an sehr kräftig wachsenden, noch nicht ausgereiften, grünen Jungtrieben aus den Blattwinkeln vorzeitige Triebe entstehen. Ihr Auftreten gilt als Hinweis für eine starke Triebkraft des jeweiligen Zweiges. Die Bildung solcher vorzeitigen Triebe kann auch durch Pinzieren kräftiger Jungtriebe im Sommer ausgelöst werden. Da diese Triebe keinen Wert für die Fruchtbildung besitzen und zu unnötiger Verdichtung führen, sollten sie nicht zusätzlich gefördert werden. Um Kahlstellen an den Trieben zu vermeiden, werden vorzeitige Triebe auf zwei Augen zurückgeschnitten.

Bukettzweige

Bukettzweige sind kurze Triebe, besetzt mit vielen Blütenknospen in einem Büschel. Bei reichem Blütenansatz sollten Bukettzweige gezielt entfernt werden.

Pflanzschnitt

Pfirsiche, Aprikosen oder auch Sauerkirschen werden in den Baumschulen überwiegend als Container- bzw. Topfware angeboten, nur selten als Wurzelware. Bei Topfware sollte der Wurzelballen vor dem Pflanzen mit der Gartenschere oder der Hippe aufgeraut werden. Dies entspricht dem Anschneiden der Wurzeln bei wurzelnackter Ware. Bei wurzelnackter Ware werden alle abgebrochenen oder abgestorbenen Wurzelteile bis ins gesunde Holz zurückgeschnitten. Ein Merkmal für gute Wurzelware ist ein hoher Anteil an feinen Faserwurzeln, die nur mäßig angeschnitten werden.

Grundform und Ausgangsmaterial

Das formlose Fächerspalier ohne Mitteltrieb eignet sich besonders gut für niedere Wände zwischen 2,0 m und 2,5 m Höhe. Bereits bei der Pflanzung wird der Mitteltrieb entfernt. Als Ausgangsmaterial zur formlosen Fächererziehung dienen die einjährige Veredlung oder der zweijährige Buschbaum.

Die **einjährige Veredlung** wird in einer Höhe von circa 50 cm angeschnitten – auf Augen, die parallel zur Wand stehen. Treiben die beiden obersten Augen aus und sind ausreichend lang, werden sie schräg im flachen Winkel von circa 30° am Spaliergerüst angeheftet.

Wichtig: Nicht zu früh anbinden, denn die jungen, noch krautigen Triebe brechen sehr leicht aus. Alle darunterliegenden Augen werden vollständig entfernt. Hat die einjährige Veredlung vorzeitige Triebe, entspricht die Vorgehensweise derjenigen des zweijährigen Buschbaums.

Der zweijährige Buschbaum wird nach Möglichkeit auf zwei gleich starke Triebe angeschnitten, die später zu Leitästen erzogen werden sollen, ebenfalls in einer Höhe von etwa 50 cm. Die jungen Leitäste werden zusätzlich um die Hälfte eingekürzt.

Durch das Entfernen des ursprünglichen Mitteltriebes entsteht eine Kopfwunde, die sehr empfindlich ist. Das Zurücktrocknen kann die noch jungen Leitäste erheblich beeinträchtigen. Ein scharfes Werkzeug verhindert Quetschungen und Einrisse. Die Kopfwunde sollte zum Schutz vor Austrocknung an der Schnittfläche sowie 2–3 cm seitlich darunter mit Veredlungswachs sorgfältig versiegelt werden. Auch die Anschnittstellen der jungen Leitäste sollten mit Wundwachs geschützt werden.

Pflanzabstand und zukünftige Kronengröße

Ein formloses Pfirsich-Fächerspalier kann eine Wandfläche von 10–12 m^2 bedecken. Für Wände von circa 2,5 m Höhe empfiehlt sich ein Pflanzabstand von mindestens 5 m von Fächer zu Fächer. Bei höheren Wänden kann, abhängig von der Unterlage, auch etwas enger gepflanzt werden.

Die Grundlage für den Aufbau eines stabilen Kronengerüstes ist die korrekte Sommerbehandlung im Pflanzjahr und in den Folgejahren. Sie verbessert die Lichtverhältnisse in der Krone und erleichtert den späteren Fruchtholzschnitt. Sobald ein sichtbarer Fruchtansatz vorhanden ist, beginnt die Sommerbehandlung.

Sommer

An den angeschnittenen und schräg angestellten jungen Leitästen bilden sich zahlreiche Seitentriebe. Alle Triebe, die zur Wand hin oder nach vorn wachsen, werden vollständig entfernt. Die verbleibenden Seitentriebe werden, sobald sie eine Länge von circa 30 cm erreicht haben, mit einem Mindestabstand von 10 cm fischgrätartig und annähernd waagerecht am Spaliergerüst befestigt. Dabei ist darauf zu achten, dass sich die Triebe nicht gegenseitig beschatten. Senkrechte Triebe sollten grundsätzlich vermieden werden.

Frühjahr

Sobald keine Spätfröste mehr zu erwarten sind, ist das der geeignete Zeitpunkt für den Frühjahrsschnitt. Eine wertvolle Hilfe beim Unterscheiden der Knospen bietet der Zeitpunkt kurz vor der Blüte, wenn sich die Knospen bereits leicht geschwollen zeigen.

Da der Pfirsich ausschließlich am einjährigen Trieb fruchtet, existiert kein altes Fruchtholz. Daher muss, wie bereits erwähnt, durch regelmäßigen und teils kräftigen Rückschnitt stets für ausreichend Jungtriebbildung gesorgt werden. Beim Schnitt ist der Erhalt einer gleichmäßigen Krone zu beachten.

Die Leitäste werden zum weiteren Aufbau auf ein reines Holzauge angeschnitten. Erst wenn die untersten beiden Leitastpartien nahezu ihre Endlänge von jeweils 2 m erreicht haben, beginnt der weitere Kronenaufbau, sowohl nach oben als auch zur Mitte hin. In der Krone sollte der Abstand zwischen den Gerüstästen 50 cm, maximal jedoch 70 cm betragen.

Beim formlosen Fächerspalier mit Mitteltrieb muss dieser, einschließlich seiner Verzweigungen, während der gesamten Erziehungsphase deutlich zurückgenommen werden, bis die Krone vollständig aufgebaut ist.

Fruchtholzschnitt

Holztriebe werden zur Erziehung neuer Fruchttriebe auf die zwei hintersten Holzaugen zurückgeschnitten. Falsche Fruchttriebe werden – mit der zuvor beschriebenen Ausnahme – vollständig auf Astring entfernt. Wahre (echte) Fruchttriebe werden auf 6–8 Augen zurückgeschnitten.

Nach der Ernte wird der wahre Fruchttrieb auf 2–3 grundständige Augen zurückgeschnitten, aus denen dann im Folgejahr die neuen Fruchttriebe entstehen. Zur Kräftigung dieser grundständigen Augen können sämtliche übrigen Holzaugen, sobald sie gut erkennbar sind, ausgebrochen werden, mit Ausnahme des obersten Auges, das der Ernährung der Früchte dient.

Bei starkem Fruchtbehang ist ein Ausdünnen notwendig. Es verhindert ein vorzeitiges Erschöpfen der Bäume und fördert die Fruchtqualität. Ausgedünnt wird erst ab Mai/Juni, nach dem natürlichen Fruchtfall. Der Abstand zwischen den verbleibenden Früchten sollte 5–10 cm betragen. Ein Hinweis auf die Pflückreife des Pfirsichs sind eine aufhellende Grundfarbe, das Rotwerden der Früchte sowie die Gelbfärbung des Fruchtstiels.

Am Wandspalier schützt der Dachvorsprung vor direktem Niederschlag, wodurch der Befallsdruck durch Pilzkrankheiten deutlich minimiert wird. Der jährliche Rückschnitt nach der Ernte wirkt zusätzlich als mechanische Pflanzenschutzmaßnahme, da an den Trieben die Sporen der gefürchteten Kräuselkrankheit überwintern.

Empfehlenswerte Pfirsich-Sorten

'Amsden'

- Reifezeit Juli/August.
- Gelbrote Frucht mit gelbem Fruchtfleisch.
- Die selbstfruchtende Sorte trägt reichlich und gilt als recht widerstandsfähig.

'Benedicte'

- Reifezeit August.
- Weißlich-gelbes Fruchtfleisch, Deckfarbe überwiegend rot mit gelber Grundfarbe.
- Trägt reichlich.

'Red Haven'

- Reifezeit August, kann mehrfach durchgepflückt werden.
- Weißes, faserloses Fruchtfleisch, sonnenseits orangerot gefärbte, kräftige Haut.
- Tolles Aroma.

'Kernechter vom Vorgebirge'

- Reifezeit September.
- Robuste, weißfleischige Sorte, Grundfarbe grüngelb, sonnenseits gerötet.
- Alte, bewährte Sorte.

Das formlose Sauerkirschen-spalier

Standort, Boden und Unterlage

Für Sauerkirschen eignet sich die Erziehung als Wandspalier besonders gut, jedoch nicht in strenger Form, sondern als formloser Fächerspalier. Sauerkirschen stellen vergleichsweise geringe Ansprüche an den Boden und gedeihen an Ost- und Westwänden, in guten Lagen sogar an Nordwänden zuverlässig. Mit bewährten Sorten wie der 'Schattenmorelle', einer Hauptsorte mit vielseitiger Verwendung, lassen sich sehr gute und regelmäßige Erträge erzielen.

Zur Fächererziehung dienen sowohl die einjährige Veredlung als auch der zweijährige Buschbaum. Häufig verwendete Unterlagen sind zum Beispiel die Steinweichsel *(Prunus mahaleb)*, die ein frühes Fruchten fördert und trockene, kalkreiche und lockere Böden gut verträgt.

Sorten auf Sämlingsunterlage wachsen deutlich kräftiger und eignen sich besser für feuchte Böden, benötigen jedoch mehr Wandfläche.

Auf eigener Wurzel gezogene Sauerkirschen gelten als weniger krankheitsanfällig, neigen jedoch zur Bildung von Wurzelausläufern.

Sauerkirschen blühen und fruchten überwiegend am einjährigen Holz. Die Knospenanlagen sind leicht zu unterscheiden: Holzknospen sind spitz, Blütenknospen rund. Sauerkirschen sind selbstfruchtbar und bilden, im Gegensatz zur Süßkirsche, keine Bukettzweige aus. Älteres Fruchtholz wird meist nicht gebildet. Eine Ausnahme ist zum Beispiel die 'Köröser Weichsel', die sich gut verzweigt und auch am älteren Holz zuverlässig trägt. Zur Bildung von Neutrieben ist daher ein regelmäßiger Schnitt notwendig.

Verkahlen der Sauerkirsche (Peitschentrieb).

Pflanzschnitt

Um einen Stammfuß zu erhalten, wird die einjährige Veredlung in einer Höhe von 40 cm auf ein Holzauge angeschnitten. Die darunterliegenden 3–4 Holzaugen werden ausgeblendet bzw. ausgebrochen, um die verbleibenden Knospen im Austrieb zu stärken.

Aus den tiefer liegenden Knospen entwickeln sich Neutriebe, von denen für den späteren Gerüstaufbau nur zwei in annähernd gleicher Höhe belassen werden. Alle übrigen Triebe werden vollständig entfernt.

Ziel ist es, ein Gleichgewicht zwischen den Leitästen herzustellen. Die beiden belassenen Triebe stehen links und rechts des Mitteltriebes, parallel zur Wand. Haben sie eine Länge von circa 30 cm erreicht, können sie im Winkel von circa 30° zum Mitteltrieb am Spaliergerüst angeheftet werden.

Einjährige Sauerkirsch-Veredelungen besitzen häufig bereits vorzeitige Triebe. In diesem Fall entspricht die Vorgehensweise beim Pflanzschnitt im Wesentlichen derjenigen beim zweijährigen Buschbaum mit seinen bereits vorhandenen seitlichen Verzweigungen. Unter Beachtung der gewünschten Stammfußhöhe wird der Mitteltrieb auf ein Holzauge angeschnitten, das von der Wand weg weist. Alle Triebe, die nicht zum Gerüstaufbau dienen, werden vollständig entfernt.

Handelt es sich bei den ausgewählten Leitästen um kräftige Jahrestriebe, werden diese, wie zuvor beschrieben, im entsprechenden Winkel angeheftet und anschließend um die Hälfte eingekürzt. Stehen hingegen nur schwächere vorzeitige Triebe zur Leitastbildung zur Verfügung, werden diese auf zwei Augen eingekürzt.

Sauerkirsche am Spalier. Damit fortlaufend reichlich neues Fruchtholz gebildet wird, unterliegt die Sauerkirsche einer permanenten Schnittüberwachung.

Erziehungsschnitt

Die Sauerkirsche ist im Allgemeinen sehr dünntriebig, weshalb zur Bildung eines tragfähigen Kronengerüstes ein regelmäßiger Erziehungsschnitt notwendig ist. Jährlich, im Zeitraum Februar/März, werden die Leitäste auf etwa die Hälfte des jährlichen Neuzuwachses zurückgeschnitten. Maßgeblich für die Schnittlänge ist stets der schwächste Trieb. Sauerkirschen zeigen im Gegensatz zu Süßkirschen keine Dominanz der Zentralachse. Der Mitteltrieb darf daher nie mehr als 20 cm über der Leitast-Ebene stehen, damit der Kronenaufbau bis zur Fertigstellung eine breitpyramidale Form behält. Mit fortschreitender Erziehung können in einem Abstand von 50–60 cm weitere Formäste in die Krone eingebaut und entsprechend am Spaliergerüst angeheftet werden.

Formloses Sauerkischenspalier mit Mitteltrieb, der hier, um eine Überbauung zu vermeiden, kräftig zurückgeschnitten werden müsste.

Fruchtholzschnitt

Charakteristisch für einen einjährigen, unbeschnittenen, naturbelassenen Trieb ist, dass die Spitzenknospe im folgenden Jahr einen neuen Langtrieb ausbildet, sämtliche darunterliegenden Knospen bilden Blüten und Früchte, jedoch keine neuen Jungtriebe. Nach dem Blattfall verkahlt dieser Trieb (sogenannter Peitschentrieb). Die Früchte werden immer kleiner und der Trieb vertrocknet nach einiger Zeit. Ziel des Fruchtholzschnitts ist daher die ständige Erneuerung des Fruchtträgerholzes, um den Baum leistungsfähig, gesund und langlebig zu erhalten.

Frühjahrsschnitt

Im Frühjahr werden alle einjährigen Langtriebe um ein Drittel eingekürzt. Dies fördert unter anderem die Blütenknospenbildung. Kurztriebe bleiben unbehandelt, alle zu dicht stehenden Triebe werden auf 2 bis 3 Augen zurückgenommen (sogenannter Zapfenschnitt). Aus diesen Zapfen entwickeln sich im Laufe des Jahres leistungsfähige Neutriebe (Fruchtholzerneuerung). Ein Zapfenschnitt ist allerdings nur am einjährigen Trieb sinnvoll und auch nur dann erfolgversprechend, wenn der betreffende Trieb mindestens Bleistiftstärke besitzt, da zu dünne Zapfen leicht vertrocknen.

Bei Verzweigungen am Leitast sollte idealerweise folgendes Muster eingehalten werden: zwei Langtriebe – danach ein Zapfen. Treiben am Zapfen beide Augen aus, kann einer der entstandenen Triebe im folgenden Frühjahr erneut auf Ersatzzapfen zurückgenommen werden. Alles, was zu dicht steht, wird auf Astring entfernt. Ist jedoch genügend Platz, können nach hinten oder nach vorne wachsende Triebe auch seitlich ans Spalier angeheftet werden. Die neu entstandenen Langtriebe werden im Juni, möglichst waagerecht, ans Spaliergerüst angeheftet.

Sommerschnitt

Im Zeitraum August bis September werden alle abgetragenen Fruchttriebe vollständig entfernt, der Baum wird dabei zugleich ausgelichtet. Bei Sorten, die zur Bildung vorzeitiger Triebe neigen, können auch diese zur besseren Kronenbelichtung entfernt werden. Langtriebe können, alternativ zur zuvor beschriebenen Anheftung, etwas strenger fischgrätartig von den Leitästen abgehend formiert werden. Die so angeordneten Jungtriebe müssen im folgenden Winterschnitt eine konische Bekleidung des Leitastes ergeben, bestehend aus meist 4 bis 8 Augen.

Mit der jährlichen Rücknahme der Triebspitzen lässt sich zudem dem Hauptproblem aller Sauerkirschen wirkungsvoll begegnen: Die Pilzsporen der Zweigmonilia überwintern überwiegend in den Spitzenknospen der einjährigen Triebe. Tritt während der Vegetation ein Befall auf, sollte umgehend und weit ins gesunde Holz zurückgeschnitten und befallenes Schnittgut aus dem Garten entfernt werden.

Die größte Herausforderung in der Kultivierung der Sauerkirsche ist der regelmäßige Schnitt, der die Bildung neuer Triebe fördert und Verkahlung verhindert. Ist dies gewährleistet, lässt sich ein Fächerspalier auch nach Jahren gut verjüngen.

Interessant ist der Umgang mit Sauerkirschsorten, die weniger zur Verkahlung neigen. Das formlose Sauerkirschen-Fächerspalier kann sowohl mit als auch ohne Mitteltrieb erzogen werden. In beiden Fällen gilt ein allgemeines Grundprinzip: Ein behutsamer Aufbau aller Astpartien von unten nach oben. Das bedeutet: Erst wenn die untersten Astpartien nahezu fertiggestellt sind, sollten die darüberliegenden etwa ein Drittel ihrer späteren Länge erreicht haben.

Empfehlenswerte Sauerkirsch-Sorten

Schattenmorelle

- Großfrüchtige Hauptsorte.
- Reich tragend.
- Im Verhältnis zur Fruchtgröße relativ kleiner Stein.
- Benötigt gute Überwachung durch den Schnitt, da verkahlend und anfällig für Spitzendürre (Monilia).

'Morina'

- Ertragreiche Sorte.
- Süß-sauer im Aroma.
- Robust, wenig anfällig für Monilia.

'Karneol', 'Safir', 'Ungarische Traubige'

- Ebenfalls empfehlenswerte Sorten, neigen jedoch zum Teil zur Verkahlung.
- Fruchten am einjährigen Holz.
- Robust gegen Monilia.

'Köröser Weichsel'

- Robust mit aufrechtem Wuchs.
- Verzweigt sich auch am älteren Holz recht gut.

Das formlose Johannisbeeren-spalier

Standort, Boden und Unterlage

Neben den klassischen Erziehungsformen als Strauch oder Stämmchen lassen sich Johannisbeeren auch mit weniger Raumbedarf in verschiedenen Spalierformen kultivieren. Die Obstart zeichnet sich durch eine gute Blühwilligkeit, reiches Fruchten und eine hervorragende Schnittverträglichkeit aus. Eine sorgfältige Kronenerziehung sichert dabei hohe und qualitativ gute Fruchterträge und beugt Erschöpfungserscheinungen vor.

Johannisbeeren sind hinsichtlich des Standortes sehr anpassungsfähig. Als Flachwurzler vertragen sie jedoch keine tiefgründige Bodenbearbeitung. Eine organische Mulchschicht (zum Beispiel aus getrocknetem Rasenschnitt) wirkt sehr förderlich, bewahrt vor Austrocknung und reichert den Boden auf Dauer mit Nährstoffen an.

Das formlose Fächerspalier eignet sich ideal zur Bekleidung niederer Mauern und Zäune. Dauerhaft heiße Südwände sollten jedoch vermieden werden. Ein freistehendes Spalier kann im Garten zudem der Abgrenzung und Raumaufteilung dienen. Ideal ist eine Nord-Süd-Ausrichtung, da so eine beidseitige Belichtung und Ernte möglich ist.

Als Pflanzmaterial empfiehlt sich bei allen Johannisbeerarten eine Qualität von 5–7 Trieben, da sich damit ein zügiges Fächergerüst aufbauen lässt. Bei Schwarzen Johannisbeeren können 1–2 Triebe mehr belassen werden als bei roten Sorten. Ein etwas tieferes Pflanzen (5–10 cm tiefer als im Topf oder bisher im Boden) schützt die Flachwurzler und regt nebenbei die Neutriebbildung an. Wenn möglich, wird bereits bei der Pflanzung darauf geachtet, den Strauch bzw. die zukünftigen Gerüstäste parallel zur Wand, zum Zaun oder zum Drahtrahmen auszurichten.

Johannisbeerfächer in der Erziehung (hier Schwarze Johannisbeere).

Ob am Mauerwerk oder freistehend: Die Drahtbespannung bzw. der Drahtrahmen sollte vor der Pflanzung fertiggestellt sein. Bewährt hat sich verzinkter Spanndraht mit einer Stärke von 2,0 bis 2,2 mm. Die oberste Drahtreihe sollte nicht höher als 1,8 m liegen, der Abstand zwischen den einzelnen Drähten beträgt 30–50 cm. Der Pflanzabstand, unabhängig davon, ob Rote, Schwarze oder Weiße Johannisbeeren verwendet werden, beträgt 1,2 bis 1,5 m.

Pflanzschnitt

Die Pflanzzeit für Johannisbeeren reicht vom Herbst bis ins zeitige Frühjahr. Pflanz- und Erziehungsschnitt sind bei allen Johannisbeeren gleich. Für den Gerüstaufbau werden 3–5 Triebe ausgewählt, alle übrigen werden bodennah entfernt. Der Pflanzschnitt ist daher ein kräftiger Rückschnitt. Die verbleibenden Leitäste werden beim Pflanzschnitt auf etwa die Hälfte ihrer Länge eingekürzt und in den Folgejahren – bis zur Erreichung der gewünschten Höhe – jährlich um ein Drittel zurückgenommen. Dieser jährliche Rückschnitt kräftigt die Leitäste. Die entstehenden Seitenverzweigungen sollten jedoch nicht zu dicht stehen; überzählige einjährige Triebe werden vollständig entfernt. Beim Rückschnitt ist die Stellung der Augen, auf die angeschnitten wird, hilfreich: Aus ihnen entwickeln sich die neuen Triebe in einer bereits leicht vorformierten Wuchsrichtung.

Nach dem Pflanzschnitt werden die zukünftigen Gerüstäste am Spanndraht angeheftet. Der Abstand zwischen den einzelnen Trieben beträgt circa 25 cm.

Bei starkwüchsigen Sorten ist Vorsicht geboten: Ein zu kräftiger Rückschnitt kann eine übermäßige Holztriebbildung auslösen. Einige Sorten hingegen neigen zu einer schwachen Triebbildung, der jedoch durch regelmäßigen Schnitt gut entgegengewirkt werden kann.

Die Höhenbegrenzung der Gerüstäste im Bereich des obersten Spanndrahtes erfolgt durch wiederholtes Absetzen auf tiefer stehende Verzweigungen.

Fruchtholzschnitt

Rote und Weiße Johannisbeeren blühen und fruchten überwiegend an den einjährigen Seitentrieben, die an den zwei- bis dreijährigen Leittrieben entstehen. Um die Fruchtqualität zu verbessern und die Bildung von jungem Fruchtholz zu fördern, werden diese einjährigen Seitentriebe auf 3 bis 5 Knospen eingekürzt, die daraus entstehenden Seitenachsen werden wiederum auf 2 bis 3 Knospen zurückgeschnitten.

Schwarze Johannisbeeren fruchten überwiegend an den vorjährigen, langen Haupt- und Seitentrieben und den kurzen Seitentrieben, die am zwei- bis dreijährigen Holz wachsen. Zur Bildung neuen Fruchtholzes können bei allen Johannisbeeren die Seitentriebe im Winterschnitt auf zwei Knospen eingekürzt werden. Ergänzend können während der Vegetationszeit – etwa 10 bis 15 Tage vor der Ernte – die noch jungen grünen Seitentriebe auf 3–4 Blätter entspitzt werden.

Gerüstast an Schwarzer Johannisbeere, verjüngt durch Rückschnitt bzw. Ableiten auf eine seitliche Verzweigung. Zur Bildung von neuem Fruchtholz wurden hier die tiefer gestellten Verzweigungen auf zwei Augen eingekürzt.

Instandhaltung und Verjüngung

Die Gerüstäste der Johannisbeere können über viele Jahre hinweg fruchtbar bleiben, vorausgesetzt, es erfolgt ein regelmäßiger Schnitt, der die Bildung von jungem Fruchtholz fördert. Sollte dennoch eine Verjüngung notwendig werden, kann dies problemlos durch Ableiten auf tiefer stehende Verzweigungen erfolgen. Ein vollständig neuer Gerüstast lässt sich durch bodennahen Rückschnitt eines alten Triebes heranziehen. Wiederkehrende Triebe aus dem Wurzelstock sollten in der frühen Vegetationsphase nicht abgeschnitten, sondern händisch ausgerissen werden.

Empfehlenswerte Johannisbeer-Sorten

'Weiße Versailler'

- Alte Sorte aus Frankreich (1883), heute noch recht beliebt.
- Trägt reichlich und regelmäßig.
- Ideal für den Frischverzehr.
- Bei voller Reife hocharomatisch, milde Säure, süß.
- Triebe sind von Natur aus sehr schön verzweigt.
- Beste weiße Sorte.

'Roter See' ('Red Lake')

- Alte amerikanische Sorte (1933).
- Locker besetzte Trauben.
- Mild säuerlich.
- Sehr aromatisch.

'Jonkheer van Tets'

- Niederländische Sorte (1941).
- Eine der frühesten Sorten mit guter Beerntbarkeit.
- Große, saftreiche Frucht mit vorherrschender Säure.

'Heinemanns Rote Spätlese'

- Alte deutsche Sorte (1942).
- Sehr kräftig im Wuchs.
- Überaus reich tragende, späte Sorte.
- Sehr blühwillig.

'Titania'

- Hauptsorte im Anbau von Schwarzen Johannisbeeren.
- Mittelfrüh und sehr ertragreich.
- Sehr gesund.
- Selbstfruchtbar.

'Ometa'

- Kräftig im Wuchs.
- Reich tragende, süßaromatische Schwarze Johannisbeere.

'Noir de Bourgogne'

- Sehr alte französische Sorte (1750).
- Im Aroma eine der intensivsten Sorten, aus der in Frankreich Crème de Cassis hergestellt wird.
- Die festen Früchte reifen schön gleichmäßig aus.
- Wächst kräftig aufrecht bei guter Verzweigung.
- Liebhabersorte!

Der Apfel am Spalier

Geschichtliches

Der Apfel ist, seiner ursprünglichen Herkunft aus den Wäldern Zentralasiens, des südlichen Kaukasus und Persiens zufolge, im eigentlichen Sinne keine europäische Frucht. Unsere heutigen Kulturapfelsorten entstanden aus Kreuzungen verschiedener Wildapfelarten beider Kontinente. Bereits in der Vorzeit stand dem Menschen eine große Vielfalt an Apfelformen zur Verfügung, die sich in Geschmack, Größe und Aussehen deutlich unterschieden.

Plinius der Ältere, römischer Gelehrter und Naturforscher, berichtet von Apfelanbau in Syrien, wo bereits rote Apfelsorten kultiviert wurden. In der Antike wurde der Apfel erstmalig botanisch betrachtet: Theophrast, ein bedeutender antiker Naturforscher, beschreibt Sommer- und Winteräpfel, differenziert zwischen süßen und sauren Sorten und erkennt Unterschiede zwischen kurz- und langlebigen Apfelbäumen.

Die meisten Sorten entstanden durch Aussaat, wobei früh beobachtet wurde, dass Apfelsämlinge andere Eigenschaften hervorbrachten als der Mutterbaum. Die Römer führten den Apfel über die Alpen nach Mitteleuropa ein und brachten zugleich ihre Kenntnisse des systematischen Obstbaus und der Veredlung mit. Dies bildete die Grundlage für unsere heutige Sortenvielfalt und die Erhaltung wertvoller alter Sorten.

In den mittelalterlichen Klostergärten waren bereits zahlreiche Apfelsorten in Kultur, es wurde selektiert, gezüchtet und zunehmend auf größere Fruchtgröße hingearbeitet. Der Apfel entwickelte sich zu einem bedeutenden Handelsgut.

Heute ist der Apfel die weltweit am häufigsten angebaute Obstart. Keine andere Frucht vereint so viele positive Eigenschaften, verfügt über eine derart große Sortenvielfalt und lässt sich so vielseitig verwenden wie der Apfel.

Apfelspalier mit zu großem Fruchtbehang. Eine Ausdünnung im Vorfeld wäre ratsam gewesen.

Standort, Boden und Unterlage

Der Apfel gedeiht am besten in gut durchlüfteten, tiefgründigen, nährstoff- und humusreichen Böden mit guter Wasserführung. Kalte Standorte oder Böden mit Staunässe führen zu einer schlechten Baum- und Fruchtentwicklung und erhöhen das Risiko für Krankheiten erheblich.

In der Formobstkultur wird der Apfel vorrangig am freistehenden Spalier erzogen; in geschützteren Höhenlagen ist auch ein Wandspalier möglich. Da Apfelblüten allgemein spätfrostgefährdet sind, profitieren die Bäume hier von der Wärmeabstrahlung der Wand. Viele Apfelsorten sind zudem gut lagerfähig.

Reine Südwände sind für den Apfel ungeeignet: Die dort herrschenden hohen Temperaturen fördern Krankheitsdruck. Ideal sind Wände mit Ost-, Südost-, Südwest-, West-, Nordost- oder Nordwest-Ausrichtung.

Für strenge Spalierformen eignen sich besonders Apfelsorten, die willig kurzes Fruchtholz bilden. Bei Sorten mit mittel- bis langem Fruchtholz ist ein entsprechend größerer Leitastabstand zu wählen.

Die Wahl der Unterlage richtet sich, wie bei allen Formobstbäumen, in erster Linie nach der geplanten Erziehungsform sowie nach den Standort- und Bodenbedingungen.

Schnittmaßnahmen

Die meisten Apfelsorten zeigen in ihrer Jugend ein kräftiges Triebwachstum. Wird die Edelsorte auf eine passende, wachstumsregulierende Unterlage veredelt, kann dieses Wachstum durch die frühzeitige Bildung von Fruchtholz gezielt gebremst werden.

Während der Erziehungsphase eines Spalierapfelbaumes sollte unbedingt auf übermäßigen Fruchtbehang verzichtet werden, um ein frühzeitiges Erschöpfen des noch jungen Baumes zu verhindern.

Bei stark wachsenden Sorten ist ein konsequentes Entspitzen/Pinzieren unerlässlich. Dabei ist der richtige Zeitpunkt entscheidend: Ein zu frühes Pinzieren kann schlafende Augen aktivieren, wodurch sich der junge Trieb ungewollt verzweigt.

Die Vielfalt an Apfelsorten ist nahezu unbegrenzt – im Folgenden wird daher lediglich eine kleine Auswahl vorgestellt – ein repräsentativer Querschnitt geeigneter Spalierobstsorten.

Auswahl empfehlenswerter Apfel-Sorten

Sorte	Eigenschaften	Schnittmaßnahmen	Geeignete Spalierformen
'Alkmene'	• mittelstark wachsend • pflückreif Anfang September • bei kühler Lagerung haltbar bis Ende Oktober • reichlich Kurztriebe durch kurze Internodien • Frühherbstsorte • süßfruchtig mit milder Säure, aromatisch	• Ausdünnen des Fruchtholzes	• bis in mittlere Höhenlagen ideal am freistehenden Spalier
'Ananas-Renette'	• schwachwüchsig • gedrungene, dicht stehende Kurztriebe • pflückreif ab Mitte Oktober • auf dem Naturlager gut haltbar • würziger, feinfruchtiger Geschmack mit muskatartigem Aroma	• kräftig kurzer Schnitt • zur Qualitätsverbesserung die Früchte rechtzeitig ausdünnen	• bestens für waagerechte Kordone und kleine Spalierformen in warmen Lagen geeignet

'Baumanns Renette'	• mittelstark wachsend • Frucht vielseitig verwendbar, angenehmes, feinsäuerliches Aroma • reiner Winterapfel • bei kühler Lagerung sehr lange haltbar	• Fruchtruten pinzieren	• durch die Bildung von kurzem Fruchtholz für alle Spalierformen sowie Kordons gut geeignet
'Cox Orange-Renette'	• mittelstark wachsend • pflückreif ab Mitte September • bei kühler Lagerung bis Anfang November haltbar • außergewöhnliches Aroma bei feiner Säure, würzig	• Fruchtruten pinzieren, je nach Erziehungsform belassen und waagerecht formieren • einen allzu großen Fruchtbehang ausdünnen • durch einen Überwachungs- bzw. Sommerschnitt ab Mitte August einer umfänglichen Triebbildung nach kräftigem Rückschnitt begegnen	• für größere Spalierformen geeignet
'Kanada-Renette'	• kräftiger Wuchs • Fruchtreife ab Dezember • auf gutem Naturlager bis ins Frühjahr haltbar • nur vollreife Früchte entwickeln einen süßfruchtigen, würzigen Geschmack	• Langtriebe pinzieren • das kurze Fruchtholz bleibt unbehandelt	• für freistehende Spaliere und Kordons sehr gut geeignet

'Melrose'	• mittelstark bis stark wachsend • bildet reichlich Fruchtholz und verzweigt sich dabei recht gut • süß-aromatisches Fruchtfleisch • pflückreif ab Mitte Oktober • bei guter Lagerung bis Mitte März haltbar	• verträgt problemlos einen kurzen Fruchtholzschnitt • am freien Spalier in warmer Lage entwickelt Melrose sein volles Aroma • bei gutem Fruchtbehang sollte ausgedünnt werden	• für viele Formen geeignet
'Pinova'	• schwach bis mittelstark wachsend • bildet reichlich kurzes Fruchtholz • festes, süß-aromatisches Fruchtfleisch	• Fruchtausdünnung vor dem Junifall empfehlenswert	• für kleine Spalierformen, besonders für senkrechte Kordons, sehr gut geeignet
'Schöner von Boskoop'	• starkwachsend • Geschmack ist bei ausgeglichenem Zucker-Säure-Verhältnis würzig, fruchtig-säuerlich • robuste Sorte • gut lagerfähig	• wächst in der Jugend etwas kräftiger, übermäßigen Fruchtbehang ausdünnen	• für größere wie auch viele kleine Formen, insbesondere Kordons, gut geeignet

Apfelsorten für große Palmetten: 'Goldparmäne', 'Gerlinde', 'Danziger Kantapfel', 'Jonathan', 'Jonagold', 'Ribston Pepping', 'Goldrenette von Blenheim', 'Santana', 'Gravensteiner', 'Champagner Renette'

Apfelsorten für Kordonformen: 'Ribston Pepping', 'Orleans Renette', 'Deans Codlin', 'Champagner Renette', 'Gravensteiner', 'Topas', 'Goldrenette von Blenheim', 'James Grieve', 'Schöner von Kent', 'Pilot'

Die Birne am Spalier

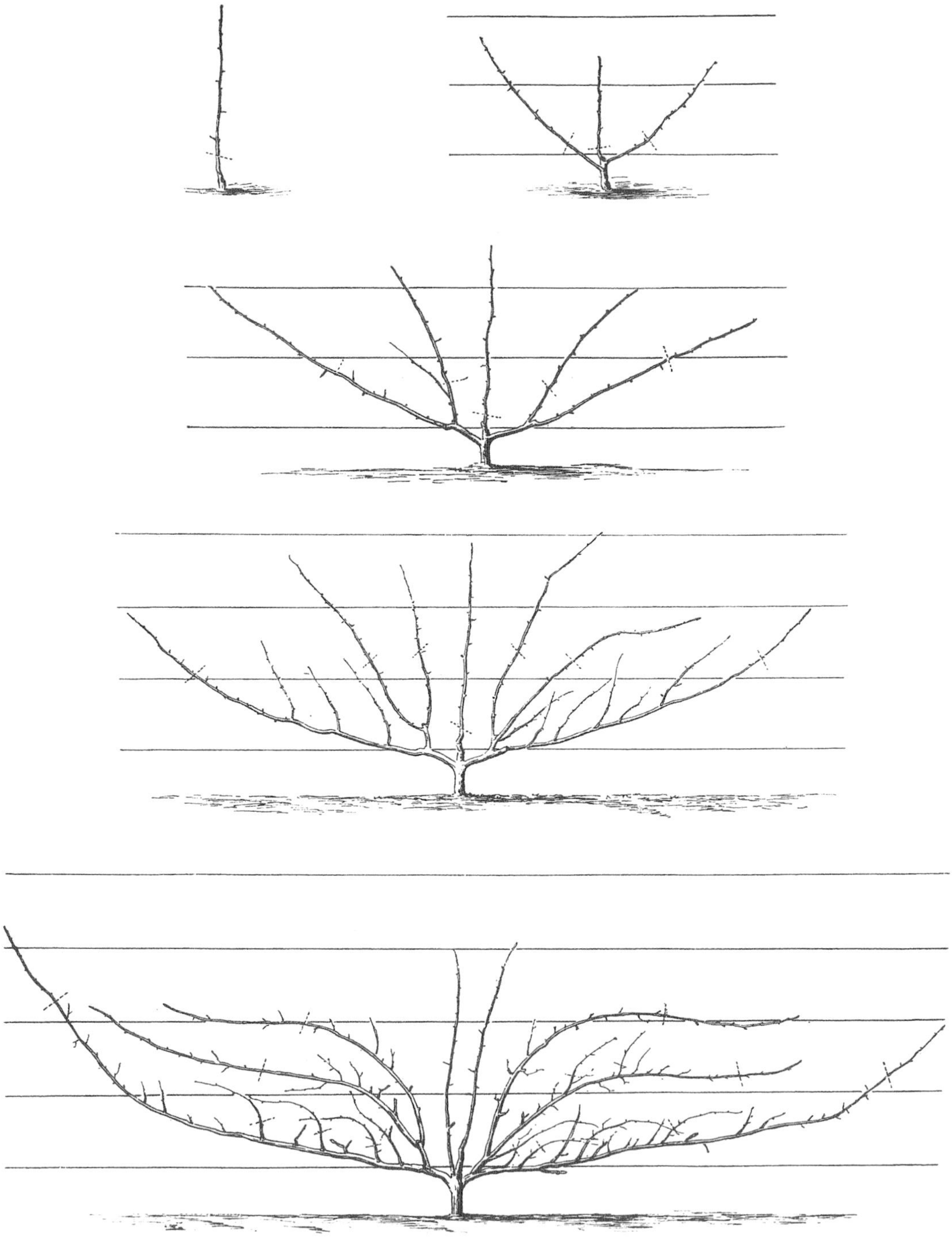

Gegen den Uhrzeigersinn, links oben vom Pflanzschnitt her beginnend: Darstellung der Erziehung eines formlosen Birnenspaliers ohne Mitteltrieb. Bei genügend Abstand zwischen den Leitästen können hier auch Sorten mit langem Fruchtholz Verwendung finden. Der Kronenaufbau muss, wie dargestellt, langsam und gleichmäßig von unten erzogen werden.

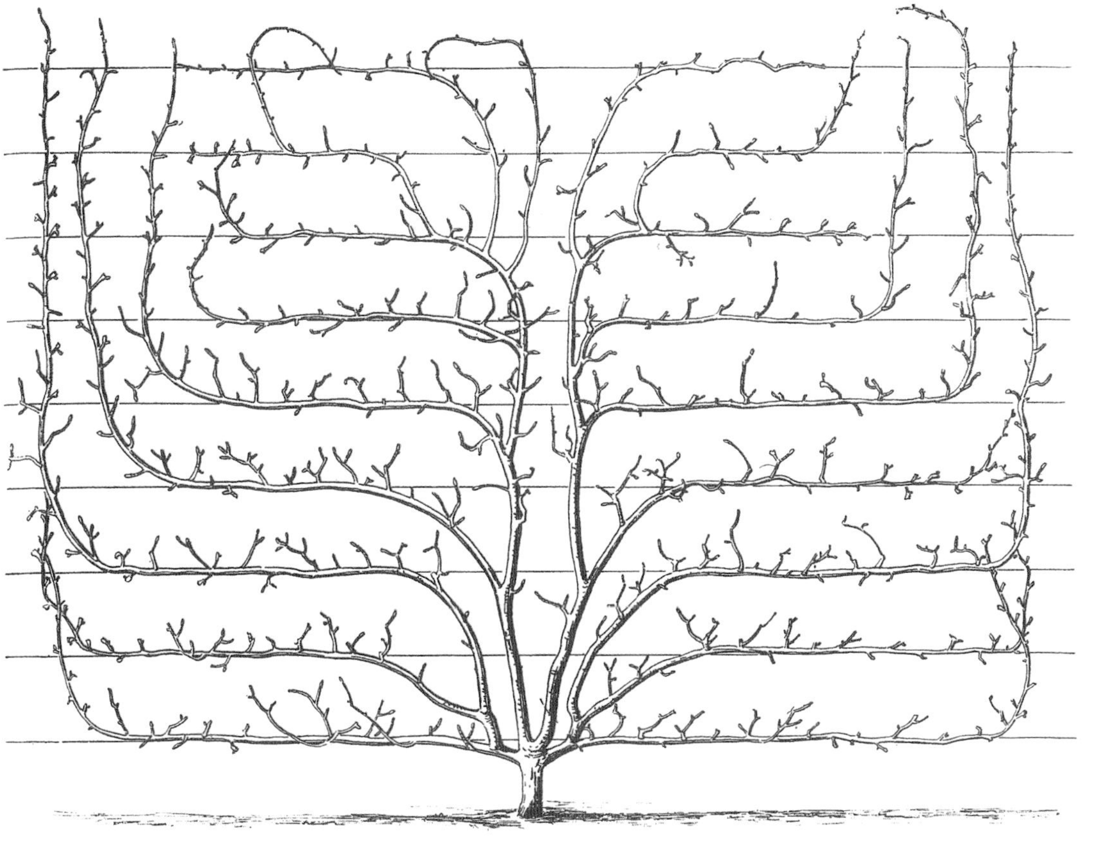

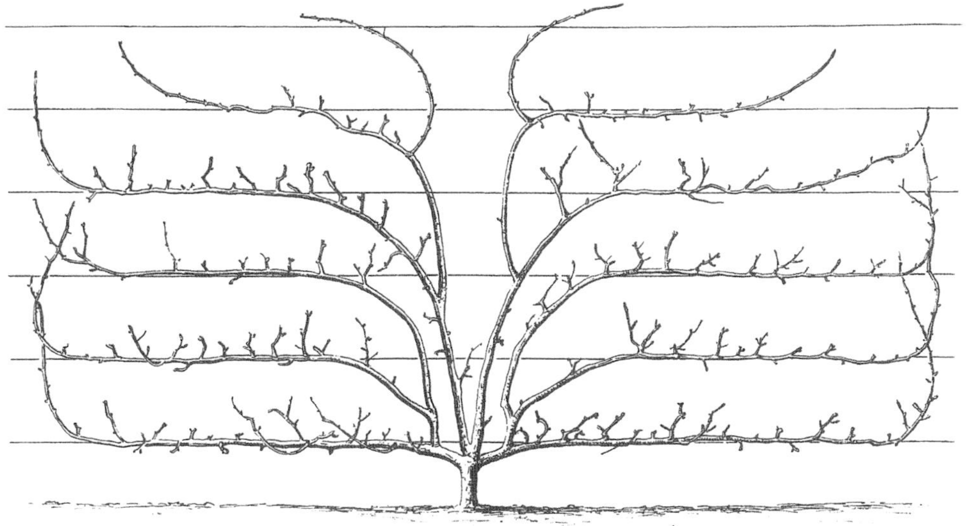

Geschichtliches

Die Birne galt aufgrund ihres zarten Schmelzes und ihrer vielfältigen Geschmacksnuancen seit jeher als eine geradezu königliche Frucht. Ihr sortentypisches Aroma entfaltet sich erst bei vollständiger Reife. Pflückreif sind Birnen, wenn sie sich durch leichtes Drehen samt Stiel lösen lassen – meist 8 bis 10 Tage vor der Genussreife. Viele Sorten sind nur bedingt lagerfähig, einige hingegen reifen am Lager gut nach.

Archäologische Funde belegen, dass der Mensch bereits in der Jungsteinzeit um 5000 v. Chr. Wildformen der Birne nutzte. Erste Kultursorten wurden in Mitteleuropa seit der Römerzeit angebaut. Besonders Frankreich und Belgien prägten durch intensive Züchtung und Auslese die Sortenvielfalt; zahlreiche traditionsreiche Sorten stammen aus dieser Region. Erst in den vergangenen Jahren kamen interessante neue Züchtungen hinzu, die den Birnenanbau bereichern.

Schnittmaßnahmen und geeignete Spalierformen

Die Birne blüht circa 10 Tage früher als der Apfel und sowohl Holz als auch Blüte sind etwas frostempfindlicher. Typisch für die Birne ist ihr hochpyramidaler Wuchs, verbunden mit dem Anspruch an tiefgründige, gut wasserführende Böden und viel Wärme. Als Spalierbaum ist sie für den Selbstversorgergarten hervorragend geeignet; selbst in raueren Lagen liefern Birnenspaliere noch gute Erträge.

Da Birnensorten unterschiedliche Fruchtholztypen ausbilden, muss der Schnitt unbedingt darauf abgestimmt und die gewünschte Spalierform im Vorfeld festgelegt werden, sei es das formlose Fächerspalier oder ein streng erzogenes Wandspalier.

Beim formlosen Fächerspalier zielt der Fruchtholzschnitt auf zu kräftig oder zu lange Seitentriebe ab. Die Aufgabe besteht darin, aus diesen Langtrieben Fruchtholz hervorzubringen, wodurch gleichzeitig das Längenwachstum gehemmt wird. Die Fruchtholzbildung kann durch Waagerechtbinden oder Pinzieren (Sommerbehandlung) gefördert werden. Beide Methoden, Fruchtholzschnitt wie die klassische kurze Fruchtholzbehandlung, lassen sich sehr gut kombinieren.

Die Eigenheiten der Fruchtholzbildung sind für die Birne besonders charakteristisch und entscheidend für den Erfolg der Spaliererziehung. Je nach Sorte unterscheidet man drei Gruppen:

a) **Sorten mit kurzem Fruchtholz**
   Beispiele: 'Gellerts Butterbirne', 'Clairgeaus Butterbirne', 'Gute Luise'
   Aus nahezu allen Augen der einjährigen Triebe entstehen zunächst schwache Ringelspieße, die sich im Laufe der Jahre zu quirligem Fruchtholz weiterentwickeln.
b) **Sorten mit mittellangem Fruchtholz**
   Beispiele: 'Williams Christ', 'Madame Verté', 'Köstliche von Charneu'
   Sie bilden am einjährigen Trieb zahlreiche Fruchtspieße, die sich später zu Fruchtholz entwickeln. Wird zu kurz geschnitten, reagieren diese Sorten mit starkem Durchtrieb ohne Blütenbildung, was den Ertragsbeginn verzögert.
c) **Sorten mit langem Fruchtholz**
   Beispiele: 'Alexander Lucas', 'Boscs Flaschenbirne'

Am einjährigen Seitentrieb wird ausschließlich die Endknospe zur Blütenknospe. Die übrigen Augen bilden zunächst nur Blätter und gehen erst später in die Quirlholzbildung über. Ein kurzer Rückschnitt führt zu kräftigem Durchtrieb aus allen Blattaugen, wodurch keine Fruchtbildung einsetzt. Die Fruchtphase beginnt nur, wenn die Triebe unbeschnitten bleiben.

Bei Unsicherheiten hilft der praktische Vergleich: Einige Äste kurz schneiden, andere länger stehen lassen und im Folgejahr anhand des Durchtriebs die passende Schnittweise für die jeweilige Sorte ableiten.

Grundsätzlich gilt

- Starker Durchtrieb: weniger schneiden
- Schwacher Durchtrieb: stärker schneiden.

Zu berücksichtigen ist zudem, dass die Wuchsstärke einer Sorte maßgeblich von Wasser- und Nährstoffversorgung beeinflusst wird.

Für Birnenspaliere an Wänden hat sich folgende Faustregel bewährt:

- Früh bis mittelfrüh reifende Sorten an Ost-, Südost- oder Südwände pflanzen
- späte Sorten an Süd-, Südwest- oder Westwände setzen.

Die ab Seite 83 aufgeführten Sorten stellen lediglich einen kleinen Ausschnitt aus dem umfangreichen Sortenspektrum der Birne dar. Betont werden soll hier nochmals, wie wichtig beim Spalierobstbau fundierte Kenntnisse über die sortenspezifischen Wuchs- und Fruchtholz-Eigenschaften sind.

Leitast eines Birnenspaliers vor dem Schnitt.

Derselbe Leitast nach dem Schnitt. Zu sehen sind kurzes und mittellanges Fruchtholz, konsequent nahe am Leitast aufgebaut. Beim Erhaltungsschnitt des Kernobstes verbleiben an den Fruchttrieben nach dem Winterschnitt in der Regel nicht mehr als zwei Blütenknospen. Das Fruchtholz wird fortlaufend verjüngt und leitastnah gehalten. Durch die gezielte Reduzierung der Blütenknospen wird nicht nur die Fruchtqualität verbessert, sondern zugleich einer Alternanz entgegengewirkt.

Auswahl empfehlenswerter Birnen-Sorten

Sorte	Eigenschaften	Schnitt-maßnahmen/ Erziehung	Geeignete Spalierformen
'Alexander Lucas'	• recht großfrüchtige Sorte • keine hohen Ansprüche an Boden und Klima • Spätbirne: pflückreif ab Mitte Oktober • saftig schmelzendes Fruchtfleisch • bei kühler Lagerung bis Dezember haltbar	• kräftiger Rückschnitt, um kräftige Leitäste, die ansonsten dünntriebig bleiben, zu erhalten • Auf Quitte veredelt trägt die Sorte sehr gut. • Fruchtbehang ausdünnen und im Winterschnitt der reichlichen Quirlholzbildung begegnen. • Achtung: fruchtet ausschließlich an langem Fruchtholz	• Für formlose Spaliere mit genügend Leitastabstand. Als hochstämmiges Wandspalier ideal, da der Baum nicht sonderlich groß wird.
'Clapps Liebling'	• auf Sämling veredelt sehr stark wachsend • Reifezeit Mitte August bis Anfang September • hervorragender Geschmack • bei guter Besonnung färben die Früchte hellrot aus. • auf dem Lager gut 14 Tage haltbar	• beim Schnitt die lange Fruchtholzbildung beachten: bedingt in der Erziehung einen größeren Leitastabstand	• geeignet als formloses Spalier für große Wände (zum Beispiel an Giebelseiten von Gebäuden) • für mittelgroße Spaliere Quitte mit Zwischenveredlung als Unterlage nutzen

'Frühe von Trévoux'	• mittelstark wüchsig • bildet kurzes und langes Frucht- und Quirlholz • Reifezeit ab Mitte August, dabei ist Durchpflücken ratsam • wird nicht so schnell teigig • auf dem Lager zwei Wochen haltbar	• ein Schnitt unmittelbar nach der Ernte verhindert eine vorzeitige Vergreisung	• für viele Formen und Erziehungsarten geeignet
'Williams Christbirne'	• zu Beginn etwas kräftiger Wuchs, lässt später nach • bildet mittellanges Fruchtholz • Fruchtspieße sterben nach dem Fruchten meist ab • Reifezeit ab Mitte/Ende August bis Mitte September • sollte so früh wie möglich geerntet werden • reift gut nach; circa zwei Wochen haltbar • zart schmelzendes Fruchtfleisch • leicht zimtiges Aroma	• verträgt beim formlosen Spalier eine längere Fruchtholzbehandlung sehr gut	• auf Quitte mit Zwischenveredlung für kleine Formen, wie zum Beispiel Kordonformen, geeignet

'Gellerts Butterbirne'	• gesunder, kräftiger Wuchs • Reifezeit ab Mitte September • bei früher Ernte bis Anfang Oktober • lagerfähig	• Zur Verzweigungsbildung wird der Leittrieb in der Erziehung kurz geschnitten. Ansonsten wird lang geschnitten um die Fruchtbarkeit zu fördern.	• Quitte als Unterlage empfohlen (hieraus können noch größere Formen erzogen werden) • durch die Bildung von kurzem Fruchtholz für viele Erziehungsarten geeignet
'Gute Luise'	• edle Tafelbirne • stellt an Lage und Boden keine höheren Ansprüche • aromareiche Früchte • sonnenseitig schön rot gefärbt • pflückreif im September • bei kühler Lagerung bis Oktober haltbar	• kurzes Fruchholz, verträgt auch eine längere Behandlung	• als Unterlage für mittelgroße Spalierformen ist Quitte mit Zwischenveredlung am besten geeignet
'Vereinsdechant-Birne'	• edle Tafelbirne • kräftiger Wuchs • verzweigt sich sehr stark • Fruchtruten sollten geschont werden • für eine gute Reife warme, geschützte Lagen bevorzugt • Anbau auch bis in mittlere Höhen möglich • pflückreif Anfang bis Mitte Oktober • für ihr bestes Aroma so spät wie möglich ernten	• Zur Förderung der Verzweigungen werden Leittriebe in der Erziehung mittellang angeschnitten. Die kurzen Fruchtruten am seitlichen Holz werden geschont.	• Auf Quitte veredelt können noch gut mittelgroße Formen erzogen werden • Gebildet wird kurzes wie mittellanges Fruchtholz

'Madame Verte'	• mitttelstark wüchsig • keine hohen Ansprüche an Boden und Lage • Winterbirne • kommt in rauen Lagen noch gut zurecht • trägt sehr gut • zur Verbesserung der Fruchtqualität so spät wie möglich ernten • pflückreif Mitte bis Ende Oktober • bei guter Lagerung bis Januar haltbar	• auf Quitte veredeln, mit reichlich kurzem Fruchtholz • längere Fruchtruten nur wenig, Leitastverlängerung in der Erziehung lang anschneiden • Früchte von Blättern freistellen	• Für alle Formen geeignet.
'Confèrence'	• mit Quitte nicht verträglich, muss daher zwischenveredelt werden • pflückreif Mitte bis Ende September • saftreich, süßschmelzend • bei kühler Lagerung bis Februar haltbar	• trägt am kurzen Fruchtholz, ein langer Fruchtholzschnitt ist nicht zu empfehlen • bei gutem Fruchtbehang ausdünnen • um einem Fruchtfall zu begegnen, so früh wie möglich ernten	• eignet sich bei guten Standorten für alle Formen, besonders für senkrechte Kordons

Verschiedene Spalierbirnen im Überblick

Starkwüchsige Sorten: 'Gellerts Butterbirne', 'Gute Luise', 'Köstliche von Charneau', 'Vereinsdechant-Birne', 'Clapps Liebling', 'Doppelte Phillippsbirne'

Mittelstark wachsende Sorten: 'Williams Christbirne', 'Alexander Lucas', 'Conférence', 'Herzogin Elsa', 'Gräfin von Paris'

Schwach wachsende Sorten: 'Clairgeaus Butterbirne', 'Bunte Julibirne', 'Triumpf von Vienne', 'Frühe von Trévoux', 'Dr. Jules Guyot'

Die wichtigsten Spalierobst-Formen

Grundlagen

Das Spektrum historischer Spalierobstformen war außerordentlich vielfältig. Teils vom jeweiligen Zeitgeist geprägt, diente die Form früher eher der ästhetischen Gestaltung als der Erzeugung hochwertiger Früchte. Heute stehen im Spalierobstbau hingegen einfach aufzubauende, ertragreiche und zugleich harmonische Formen im Mittelpunkt.

Ein wesentlicher Vorteil moderner Spalierkulturen liegt in der Nutzung bisher ungenutzter Flächen, zum Beispiel freier Wandbereiche, die durch die Bepflanzung sowohl funktional als auch optisch aufgewertet werden.

Aus einer langen obstbaulichen Tradition heraus haben sich verschiedene Formen bewährt und etabliert. Dabei sollte stets bedacht werden, dass die Erziehung eines Spaliers – je nach Form und Obstart – mehrere Jahre bis zur Vollendung beanspruchen kann.

Die Palmette: Mit ihren zahlreichen Varianten zählt der Formenkreis der Palmetten zu den umfangreichsten im Spalierobstbau. Charakteristisch für alle Palmettentypen ist die flache, fächerartige Erziehung von übereinanderliegenden Leitästen, die in eine gemeinsame Richtung wachsen, sei es am freistehenden Spalierbaum oder als Wandspalier. Zu den Palmetten zählt auch das formlose Fächerspalier.

Die Kordonformen: Als «Kordons» oder Schnurbäume werden Formen bezeichnet, bei denen aus dem Stamm ein oder höchstens zwei Äste erzogen werden. Diese Äste sind über ihre gesamte Länge mit Fruchtzweigen bekleidet und werden je nach Zugrichtung unterschieden, wie zum Beispiel als waagerechter oder senkrechter Kordon bzw. Schnurbaum.

Kordonformen markieren das Ergebnis einer langen obstbaulichen Entwicklung und fanden insbesondere ab Beginn des 19. Jahrhunderts weite Verbreitung.

Wichtig: Das Spaliergerüst muss vor der Pflanzung präzise errichtet werden, dient es doch nicht nur der Stabilität, sondern bildet zugleich die exakte Schablone für die formgebende Erziehung.

Der senkrechte Kordon (Schnurbaum)

Grundlagen

Diese Form zählt zu den am einfachsten zu erziehenden Spalierformen und gelangt zudem früh in den Ertrag. Der senkrechte Kordon eignet sich hervorragend zur Bekleidung schmaler Wandflächen, zum Beispiel zwischen Fenstern, oder als freistehender Schnurbaum an einem 2,5–3,0 m hohen Drahtspalier, idealerweise in Nord-Süd-Richtung ausgerichtet.

Da bei dieser Form ein zu kräftiges Triebwachstum nicht begrenzt werden kann, müssen Unterlage und Sorte sorgfältig aufeinander abgestimmt sein. Bewährt haben sich schwachwüchsige Sorten, beim Apfel insbesondere die Unterlage M9, bei der Birne die Unterlage Quitte A.

Der Pflanzabstand richtet sich nach der Schnittmethode (kurz oder lang): Bei kurzem Schnitt ca. 30 cm, bei mittel- bis langem Schnitt 40–60 cm.

In der Praxis wird der Schnitt häufig länger gehalten; der Aufbau unterscheidet sich dann kaum von der schlanken Spindel, ein Sommerschnitt ist in diesem Fall nicht notwendig.

Werden mehrere Sorten nebeneinander gepflanzt, sollten sie vergleichbare Wuchseigenschaften besitzen. Bei Birnen bewähren sich vor allem frühtragende Sorten mit kurzem Fruchtholz und schwächerer Wuchskraft.

Apfel als mehrarmiger Kordon erzogen (auch Kandelaber genannt). Die einst recht beliebte Form hat ihren Ursprung im Frankreich des späten 18. Jahrhunderts und wird auf einer Höhe von 2 bis 2,50 m gehalten.

Erziehung

Winter: Für die Pflanzung eignen sich ein- oder zweijährige Veredelungen am besten. Unter Berücksichtigung der späteren Stammfußhöhe wird die einjährige Veredlung über einem nach vorn gerichteten Holzauge eingekürzt. Der Pflanzschnitt fällt grundsätzlich kräftiger aus, der Stammfuß sollte nicht tiefer als 30 cm sein.

Bei einer einjährigen Veredlung ohne vorzeitige Triebe wird so angeschnitten, dass ein Stammfuß von 40–50 cm entsteht, der Anschnitt erfolgt in circa 60 cm Höhe. Sind vorzeitige Triebe vorhanden, wird entsprechend höher angeschnitten, alle Triebe am Stammfuß werden vollständig entfernt. Die entstehende Leitastverlängerung wird, sobald diese eine Länge von 30 cm erreicht hat, am Spaliergerüst befestigt. Konkurrenztriebe zur Leitastverlängerung werden vollständig entfernt.

Im weiteren Aufbau wird die Leitastverlängerung jährlich im Winter auf 8–15 Augen (circa 30 bis 40 cm ab ihrer Basis) zurückgeschnitten, wiederum auf ein vorderes Holzauge. Die Seitentriebe werden auf 6–8 Augen eingekürzt.

Sommer: Der Leitast wird entsprechend seinem Wachstum senkrecht anspaliert. Die darunterliegenden Triebe werden – je nach zuvor getroffener Entscheidung – kurz oder lang pinziert (siehe Kapitel «Der klassische Fruchtholzschnitt»).

Das Ausmaß des jährlichen Rückschnitts der Leitastverlängerung richtet sich nach dem Wuchsverhalten im Vorjahr. Haben sich am zweijährigen Holz genügend Seitentriebe gebildet, wird im Winter zurückgeschnitten, wie im Jahr zuvor. Zeigen sich hingegen Kahlstellen, sollte kräftiger eingekürzt werden – auf circa 25 cm.

Für den senkrechten Kordon gilt grundsätzlich:

Es dürfen keine allzu kräftigen Seitentriebe entstehen, damit diese rasch zu Fruchtholz umgebildet werden. Bei Sorten, die zur Verkahlung neigen, können halbmondförmige Kerbschnitte über den schlafenden Augen gesetzt werden, um diese zum Austrieb anzuregen.

Werden zweijährige Veredelungen gepflanzt, werden die Seitentriebe auf 6–8 Augen eingekürzt, wobei die oberen Triebe etwas kürzer als die unteren geschnitten werden. Die Stammverlängerung wird auf 8–15 Augen zurückgenommen. Bei der Anwendung des langen Fruchtholzschnittes ist es nicht erforderlich, dass jede Knospe an der Leitastverlängerung austreibt.

Im Spätwinter durch Kerbschnitt zum Austrieb gebrachtes, schlafendes Auge. Kerbschnitte werden halbmondförmig direkt über dem Auge in der Tiefe bis zum Holzteil ausgeführt.

Die einfache U-Form

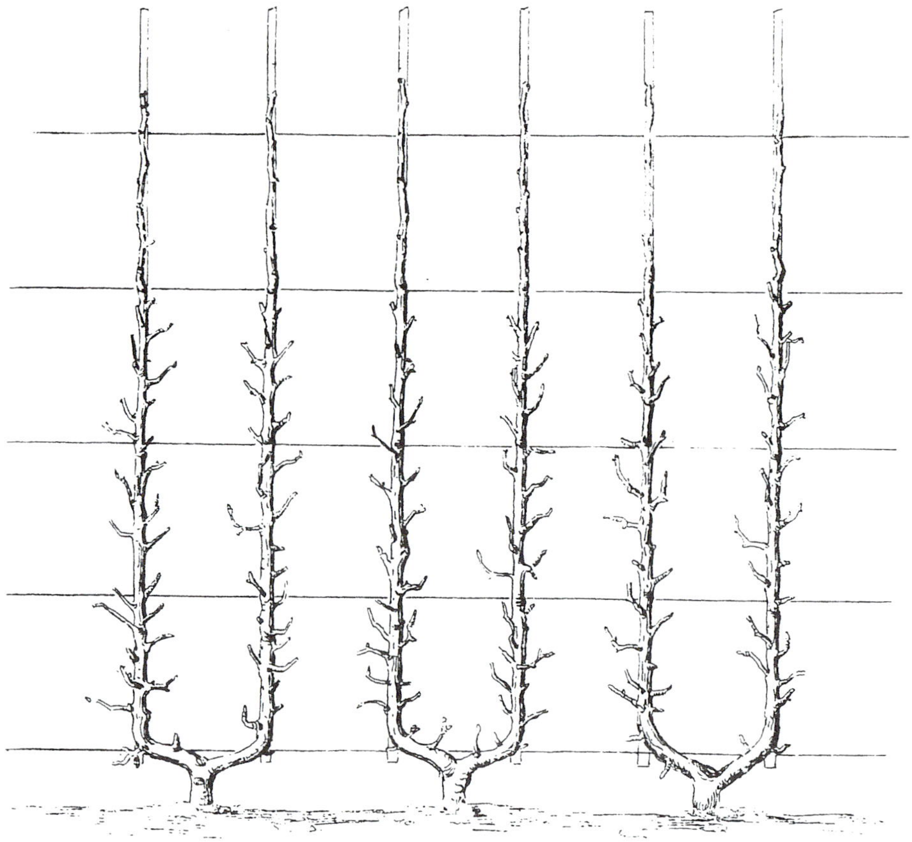

Grundlagen

Die einfache U-Form kann auch als doppelarmiger Schnurbaum bezeichnet werden und eignet sich ebenso als Wandspalier wie auch für den freien Stand. Sie lässt sich vergleichsweise zügig und unkompliziert erziehen. Die aus zwei Leitästen bestehende Flachkrone ist optimal für Mauern mit einer Höhe von 2,50 m, trägt früh und ist für alle Pflege- und Erntearbeiten gut zugänglich. Eine höhere Erziehung ist möglich, erfordert jedoch zusätzlichen zeitlichen Aufwand.

Der Abstand zwischen den beiden Leitästen richtet sich nach der Wuchskraft der Sorte. Er kann mindestens 25 cm betragen, was allerdings einen sehr kurzen und zeitlich aufwendigen Erhaltungsschnitt zur Folge hat. Bei Sorten mit mittellangem oder langem Fruchtholz kann der Leitastabstand auf bis zu 80 cm vergrößert werden.

Als besonders praxistauglich hat sich ein Leitastabstand von 40 cm bewährt, bei einer Stammfußhöhe von 30–40 cm. Für die Unterlagenwahl empfehlen sich beim Apfel die Unterlage M9 und bei der Birne Quitte A, jeweils in Kombination mit schwachwüchsigen Sorten.

Einfache U-Form in der Erziehungsphase.

Erziehung

Winter: Die einjährige Veredlung wird auf zwei Holzaugen zurückgeschnitten, die idealerweise parallel zum Spaliergerüst stehen. Dies erfolgt in einer Höhe von rund 30 cm. Aus diesen links und rechts stehenden Holzaugen entwickeln sich später die beiden Leitäste. Zur Unterstützung der Formierung wird kurz über dem Anschnitt an der Spalierlatte oder am Draht eine Hilfsleiste platziert.

Sommer: Haben beide seitlich stehenden Holzaugen ausgetrieben und eine Länge von rund 30 cm erreicht, werden die Jungtriebe vorsichtig in leichter Schrägstellung an der waagerechten Hilfsleiste anspaliert. Nicht benötigte Austriebe werden entfernt, ein dritter Austrieb kann als Reserve bleiben. Dem Wachstum folgend wird schrittweise weiter anspaliert, jedoch mit Vorsicht, da die Jungtriebe äußerst bruchempfindlich sind. Erst wenn die jungen Leittriebe mindestens 25 cm über die Biegestelle hinausgewachsen sind, wird endgültig anspaliert.

Zweiter Winter: Die im Vorjahr entstandenen Leittriebe werden circa 20 cm über der Biegestelle auf ein vorderes Holzauge zurückgeschnitten. Für eine gleichmäßige Kronenentwicklung müssen beide Leitäste auf derselben Höhe angeschnitten werden.

Bis zur endgültigen Höhe wird in den folgenden Jahren so zurückgeschnitten, dass vom vorjährigen Zuwachs maximal 25 cm stehen bleiben. Zu Beginn der Leitasterziehung sollte die Reaktion des Baumes auf den Rückschnitt beobachtet werden, um gegebenenfalls länger oder kürzer zu schneiden. Ziel des Rückschnittes ist unter anderem die Bildung von genügend Seitentrieben.

Zweiter Sommer: Die Leitastverlängerungen werden im Abstand von circa 20 cm am Spalier befestigt. Die entstehenden Seitentriebe werden, der Sorte entsprechend, dem klassischen Fruchtholzschnitt unterzogen. Triebe, die zur Wand hin wachsen, sowie alle Triebe, die im waagerechten Bereich des U an der Basis stehen, werden vollständig entfernt.

Die doppelte U-Form

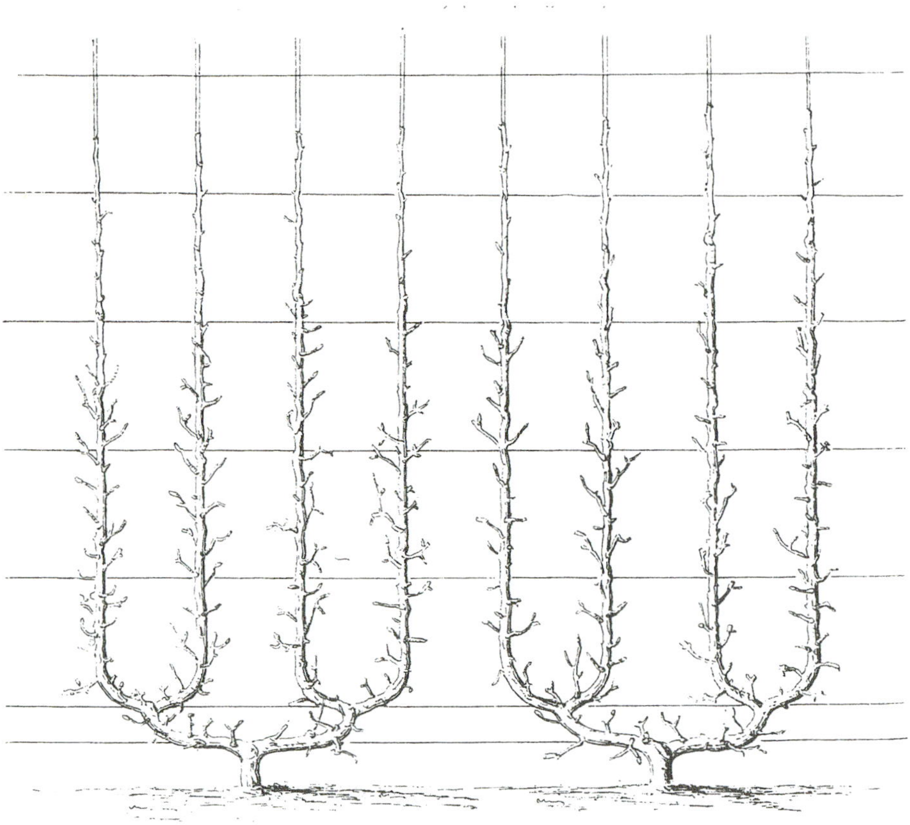

Grundlagen

Die doppelte U-Form lehnt sich in ihrer Erziehung an die einfache U-Form an. Sie ist zwar zeitlich etwas aufwendiger, jedoch ebenso unkompliziert in der Anlage. Auf einem breiteren U werden zwei kurze U-Paare nebeneinander aufgebaut, wodurch eine optisch recht ansprechende Spalierform entsteht.

Die doppelte U-Form eignet sich sowohl als Wandspalier als auch für den freien Stand. Die Erziehung erfolgt bis zu einer Höhe von 2,2 bis 2,5 m. Für ausreichend Wuchskraft empfiehlt sich beim Apfel die Unterlage M9, bei Birnen Quitten-Unterlagen.

Bei Anwendung des kurzes Fruchtholzschnittes werden traditionell sowohl der Leitastabstand als auch die Stammfußhöhe mit 30 oder 40 cm gewählt.

Verschiedene Birnensorten in Doppelter U-Form. Der bei Insekten recht beliebte Bergquendel dient hier als Unterpflanzung.

Erziehung

Für eine präzise und gleichmäßige Erziehung empfiehlt sich der Einbau von Hilfsleisten am unteren Ende der Spalierlatten bzw. der Drahtbespannung. Diese dienen zusätzlich als Schablone und werden entfernt, sobald beide Leittriebpaare sicher in die Senkrechte gebracht und fixiert sind.

Zur Orientierung kann der Aufbau der doppelten U-Form gut aus der Erziehungslogistik eines zweiarmigen, waagerechten Kordons abgeleitet werden.

Winter: Die einjährige Veredlung wird in einer Höhe von 30 cm auf zwei gegenüberliegende Holzaugen zurückgeschnitten.

Sommer: Die Austriebe werden, sobald sie circa 30 cm Länge erreicht haben, an über dem Anschnitt montierten Hilfsleisten provisorisch anspaliert. Wichtig: Die Jungtriebe dürfen nicht waagerecht fixiert werden, sondern müssen in leichter Schrägstellung nach oben angebunden sein. Werden die Triebe waagerecht gebunden, würde dies ihr Wachstum hemmen. Dem Längenwachstum der Triebe entsprechend wird weiter anspaliert, die letzten 20 cm der Triebe bleiben stets frei und nach oben gerichtet.

Zweiter Winter: Die im 1. Sommer gebildeten Seitenarme werden nun auf eine Länge von 25 cm auf ein unteres Holzauge zurückgeschnitten. Nach dem Winter ist es wichtig, sämtliche alten Anbindungen zu lösen, um die Triebe anschließend etwas waagerechter anzuspalieren.

Hohe Kunst der Formobsterziehung: Pfirsiche als Doppel U-Form gezogen.

Zweiter Sommer: Die neuen Austriebe an den Leitastspitzen, entstanden durch den Rückschnitt im Winter, werden wie im Vorjahr ihrem Wachstum entsprechend anspaliert. Wichtig: Die ersten 20 cm der Triebspitzen bleiben wiederum frei.

Bereits entstandene Seitentriebe unterliegen dem kurzen (klassischen) Fruchtholzschnitt. Im Bereich der Leitastspitzen werden sie etwas kürzer entspitzt/pinziert, weiter unten dürfen sie etwas länger gehalten werden. Ein gleichmäßiger Aufbau beider Seitenarme – analog zum waagerechten Kordon – ist entscheidend. Die beiden Hauptarme können schrittweise waagerecht gebracht werden. Erst wenn die Leitastspitzen mindestens 20 cm über die Biegestellen hinausragen, werden sie senkrecht anspaliert.

Die seitlich kurz gehaltenen Triebe der flach erzogenen U-Form dienen der Stärkung des Dickenwachstums. Erst wenn die beiden U-Paare deutlich in die Senkrechte geführt wurden, werden diese seitlichen Triebe vollständig entfernt.

Dritter Winter: Zu Beginn des 3. Standjahres werden die im Vorjahr nach der Biegestelle senkrecht angehefteten Leitastverlängerungen zurückgeschnitten. Der Rückschnitt erfolgt auf zwei nebeneinanderstehenden Holzaugen auf einer Höhe von 20–30 cm. Aus diesem Rückschnitt entstehen dann zwei U-Paare, analog zur Erziehung der einfachen U-Form.

Die Verrier-Palmette

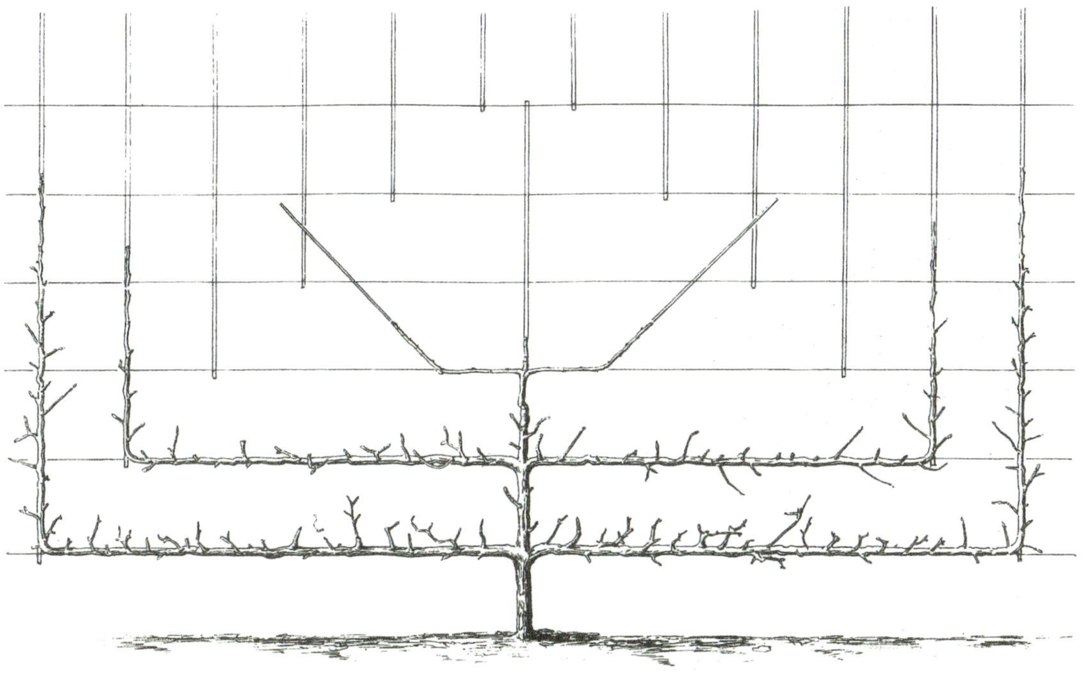

Grundlagen

Die Verrier-Palmette besteht aus übereinander angeordneten U-Formen in wechselnder Breite. Am zweckmäßigsten wird sie mit vier Leitästen erzogen. Diese Spalierform eignet sich besonders für etwas stärker wachsende Kernobstsorten sowie zur Bekleidung größerer Wandflächen oder als freistehendes Spalier.

Der Platzbedarf richtet sich nach der jeweiligen Erziehungsart und dem Abstand zwischen den Leitästen. Die Verrier-Palmette wirkt optisch äußerst ansprechend, ist jedoch in der Erziehung anspruchsvoller. Die entstehende Flachkrone ist für sämtliche Pflegearbeiten gut zugänglich und ertragreich.

Für eine Baumhöhe von 2,0 bis 2,5 m eignen sich beim Apfel die Unterlage M9, bei Birnen Quitten-Unterlagen. Erzogen wird üblicherweise mit einer Stammfußhöhe von 40 cm, der Leitastabstand beträgt in der Regel 30 oder 40 cm.

Eine Variante der Verrier-Palmette ist die Erziehung mit Stammverlängerung, wodurch eine ungleiche Zahl von Leitästen entsteht. Bei solchen Formen erfordert es besondere Aufmerksamkeit, die Mittelachse bereits zu Beginn im Wachstum gegenüber den übrigen Leitästen zurückzuhalten, um das natürliche Gesetz der Spitzenförderung auszugleichen.

Verrier-Palmette der Sorte 'Kanada Renette', auf der Unterlage M26 veredelt.

Erziehung

Für eine präzise und von Beginn an korrekte Formgebung empfiehlt sich – wie bei den anderen Spalierformen teilweise schon beschrieben – die Anbringung von Hilfsleisten am unteren Bereich der Spalierlatten oder am Drahtrahmen.

Winter: Vor dem Anschnitt der einjährigen Veredlung werden drei Holzaugen gewählt. Die natürliche, wechselseitige Stellung der Augen bildet die ideale Ausgangssituation: Zwei gegenüberliegende Holzaugen (rechts und links) bilden die erste Etage. Ein drittes, möglichst mittig darüberliegendes Holzauge dient später als Mitteltrieb. Der Anschnitt erfolgt etwa 40 cm über dem Boden, knapp über dem mittleren Auge.

Sommer: Der aus dem mittleren Auge entstehende Leittrieb wird senkrecht anspaliert. Die beiden seitlichen Triebe werden schräg nach oben geführt, sodass sie ein breites «V» bilden.

Zweiter Winter: Der mittlere Leittrieb wird recht kurz, circa 5 cm über der Basis, auf ein nach vorne stehendes Holzauge zurückgeschnitten. Ist dies nicht möglich, wird ein seitlich stehendes Auge gewählt. Die beiden seitlichen Leittriebe werden auf rund 30 cm Länge zurückgenommen, jeweils auf ein nach unten gerichtetes Auge. Beide Triebe verbleiben in schräger Stellung am Spalier.

Zweiter Sommer: Der Mitteltrieb wird wieder senkrecht anspaliert, entstandene Seitenverzweigungen entfernt. Die seitlichen Leitäste werden aus ihrer schrägen Stellung gelöst und flacher angebunden, die Triebspitzen dabei stets leicht schräg nach oben gerichtet. Seitentriebe an den Leitästen werden auf 5 bis 6 Blätter entspitzt/pinziert.

Um die endgültige Lage der Leitäste zu formen, ist ihre Länge entscheidend. Beide Triebe werden bis zur Biegestelle waagerecht gezogen, die Enden sollten diese um mindestens 20 cm überragen und dort senkrecht fixiert werden.

Ist dies noch nicht möglich, verschiebt sich der Vorgang in die darauffolgende Vegetationsperiode. Dann werden beide Leitäste im kommenden Winter auf ein nach unten zeigendes Holzauge circa 5 cm vor der Biegestelle angeschnitten und die neuen Austriebe schräg nach oben gerichtet anspaliert.

Verrier-Palmette im Garten von Versailles.

Dritter Winter: Der mittlere Leittrieb wird erneut circa 5 cm über seiner Basis auf ein vorderes Auge geschnitten. Die beiden seitlichen Leitäste werden 20 cm oberhalb der Biegestelle zurückgeschnitten. Oberseitige Triebe im waagerechten Bereich werden vollständig entfernt, die seitlichen Triebe werden einem kurzen Fruchtholzschnitt unterzogen.

Dritter Sommer: Alle drei Triebverlängerungen werden ihrem Wachstum entsprechend weiter anspaliert. Konkurrenztriebe an Basis und Triebspitzen werden entfernt, die übrigen Seitentriebe wie zuvor entspitzt/pinziert.

Vierter Winter: Die mittlere Triebverlängerung wird, wie in den Vorjahren auch, circa 5 cm über ihrer Basis auf ein vorderes Auge zurückgeschnitten. Die seitlichen Leitäste bzw. Triebverlängerungen werden je nach Wuchskraft soweit zurückgeschnitten, dass vom letztjährigen Zuwachs 20 cm stehen bleiben, maximal jedoch 30 cm. Die Seitentriebe werden kurz geschnitten.

Vierter Sommer: Die mittlere Leitastverlängerung wird senkrecht anspaliert, Seitentriebe daran vollständig entfernt. Die beiden äußeren Leittriebe werden ebenfalls senkrecht anspaliert, die Seitentriebe auf 5 bis 6 Blätter entspitzt/pinziert.

Während des Sommers wird eine Art Überwachungsschnitt durchgeführt, wobei zu dicht stehende und übermäßige Seitentriebe vollständig entfernt werden.

Wichtig: Erst wenn die äußeren Leitastverlängerungen die Basis der zukünftigen 2. Etage um mindestens 20 cm überragen, beginnt die Erziehung der nächsten Ebene. Die Fruchtbildung kostet Energie und ist zu diesem Zeitpunkt noch zweitrangig, daher sollten junge Früchte durch Ausdünnen entfernt werden.

Fünfter Winter: Zu Beginn der 5. Vegetationsperiode wird mit der Erziehung der 2. Etage begonnen. Dazu wird der Mitteltrieb kurz unterhalb der waagerechten Hilfsleiste auf zwei nebeneinanderstehende Holzaugen (Basis 2. Etage) angeschnitten – aus ihnen entsteht das nächste U-Paar. Die beiden äußeren Leitastverlängerungen werden so zurückgeschnitten, dass vom letztjährigen Zuwachs 20–25 cm verbleiben.

Fünfter Sommer: Die äußeren Leitastverlängerungen werden senkrecht anspaliert, Konkurrenztriebe entfernt, seitliche Triebe auf 5 bis 6 Blätter pinziert/entspitzt. Zwei geeignete Austriebe aus der Basis der 2. Etage werden schräg anspaliert. In endgültige Stellung gebracht werden sie, wenn sie die spätere Biegestelle um mindestens 20 cm überragen. An der Leitastbasis kann nun etwas Fruchtbildung zugelassen werden, jedoch weiterhin moderat und mit Ausdünnung.

Endgültige Erziehung: Bis zur gewünschten Höhe wird wie zuvor verfahren. Entscheidend ist die gleichmäßige Längenerziehung aller Leitastpaare. Die mittleren Paare bleiben stets 1–2 Jahre hinter den äußeren zurück. Erst wenn alle Paare die gleiche Höhe erreicht haben, gilt die Verrier-Palmette als vollständig erzogen.

Palmette mit mehreren waagerechten Etagen

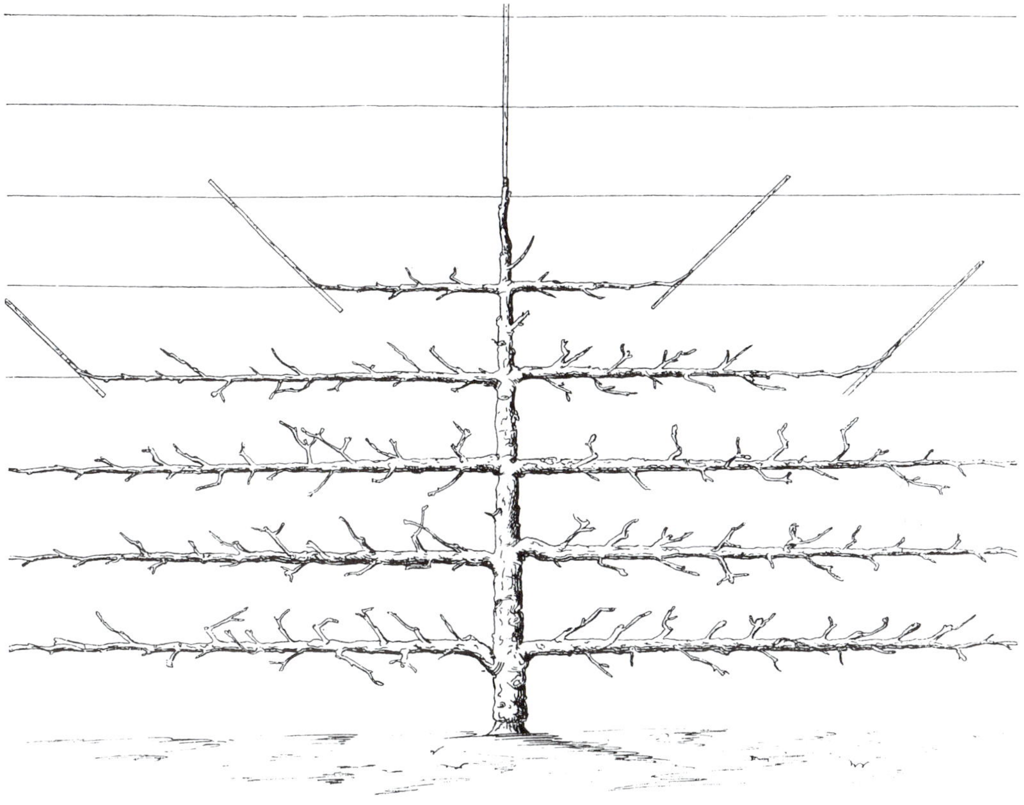

Erziehung

Die Palmette mit drei Etagen ist eine vergleichsweise einfach zu erziehende Form und wirkt besonders schön im freien Stand, zum Beispiel als Raumteiler zwischen Nutz- und Ziergarten. Je nach Unterlage können Leitäste bis zu 4 m Länge herangezogen werden.

Für Birnen eignen sich alle Quitten-Unterlagen, beim Apfel empfiehlt sich für kurze Leitäste unter 2 m die Unterlage M9, für größere Palmetten M 26. Bewährt haben sich eine Stammfußhöhe sowie ein Leitastabstand von jeweils 40 cm.

Erster Winter: Der Anschnitt erfolgt über drei günstig zueinander stehende Holzaugen in einer Höhe von circa 40 cm. Ein Holzauge steht mittig am Trieb nach vorne gerichtet, die beiden anderen etwas tiefer, kurz unter der Spanndrahthöhe, jeweils links und rechts am Trieb.

Erster Sommer: Der oberste Trieb (Stammverlängerung) wird nach Erreichen einer Länge von 25–30 cm senkrecht anspaliert. Die beiden seitlichen Austriebe werden schräg nach oben am Draht anspaliert. Alle übrigen Triebe werden vollständig entfernt.

Zweiter Winter: Die Stammverlängerung wird kurz über ihrer Basis auf 5 bis 7 cm auf ein nach vorn stehendes Holzauge zurückgeschnitten. Die beiden seitlichen Leitäste behalten ihre schräge Stellung, ihr Rückschnitt erfolgt auf ein nach unten gerichtetes Holzauge. Dabei bleiben maximal 25 bis 30 cm des letztjährigen Zuwachses stehen.

Palmette mit mehreren Etagen: ein sogenanntes Hochspalier einer Pastorenbirne auf Sämlingsunterlage.

Zweiter Sommer: Die Stammverlängerung wird anspaliert, alle seitlichen Verzweigungen daran entfernt. Die seitlichen Leitäste werden von ihrem Ansatz her fast waagerecht am Draht anspaliert. Die Triebspitzen (mindestens 30 cm lang) müssen schräg nach oben gerichtet sein (Spitzenförderung). Eine Hilfsleiste oder ein Tonkinstab an der Drahtbespannung kann hier die Führung erleichtern. Die Spitzen der Leitäste werden freigestellt, alle darunter befindlichen Verzweigungen auf 5 bis 6 Blätter entspitzt/pinziert.

Dritter Winter: Die Stammverlängerung wird wie zuvor auf ein nach vorne gerichtetes Holzauge zurückgenommen. Ist dies nicht möglich, wird notfalls ein leicht seitlich stehendes Auge gewählt. Die seitlichen Leitäste werden erneut auf 25 cm des Vorjahreszuwachses zurückgeschnitten und verbleiben dabei in ihrer schräg nach oben gerichteten Position. Verzweigungen an der Stammverlängerung werden vollständig entfernt. Oberseitige Triebe auf den seitlichen Leitästen werden entfernt, waagerecht abgehende Triebe bleiben stehen und werden entspitzt/pinziert.

Dritter Sommer: Die Stammverlängerung wird freigestellt und senkrecht anspaliert; alle Seitenverzweigungen werden entfernt. Die seitlichen Leitäste werden weiter waagerecht geführt, nur die Spitzen der Leittriebe bleiben schräg nach oben gerichtet. Zu dicht oder nach unten wachsende Seitentriebe werden komplett entfernt, die übrigen Seitentriebe auf 5 bis 6 Blätter entspitzt/pinziert.

Vierter Winter und vierter Sommer: Die Erziehungsmaßnahmen entsprechen weitgehend dem Vorjahr: Anschnitt, Entspitzen und Anspalieren der Triebe erfolgen wie zuvor. Die seitlichen Leitäste werden ihrer zunehmenden Länge entsprechend weiter in die Waagerechte gebracht. Um die Wuchskraft in den Triebspitzen zu fördern, wird etwas kürzer, auf 3 bis 4 Blätter, entspitzt.

Schön und nützlich: Freistehendes Birnenspalier in Form einer Palmette mit mehreren Etagen. Der Baum ist schon viele Jahrzehnte alt.

Fünfter Winter: Die natürliche Spitzenförderung verführt leicht zu einem zu schnellen Aufbau der Form. Ein Überbauen gefährdet jedoch die unteren Etagen. Wichtig ist daher: Mit der nächsten Etage wird erst begonnen, wenn die darunterliegende Etage mindestens zur Hälfte bis zu drei Vierteln ihrer endgültigen Länge erzogen ist.

Sind die unteren Leitäste der 1. Etage über 1 m lang, beginnt die Heranbildung der 2. Etage:

Wieder werden zwei seitliche Holzaugen links und rechts am Mitteltrieb gewählt, kurz unterhalb der Drahtbespannung. Angeschnitten wird wieder über einem höher stehenden, nach vorne gerichteten Holzauge. Steht dieses dritte Auge nicht exakt mittig, kann wiederum ein leicht seitlich stehendes Auge gewählt werden.

Endgültige Erziehung: Der Aufbau der 1., 2. und 3. Etage erfolgt nach dem gleichen Prinzip. Die Fruchtbildung ist in der Erziehungsphase konsequent durch Ausdünnen zu regulieren; ein übermäßiges Fruchten geht auf Kosten des Holzzuwachses. Erst wenn die 2. Etage mindestens die Hälfte ihrer endgültigen Länge besitzt, wird mit der letzten, der 3. Etage bzw. Leitastpartie begonnen.

Für die 3. Etage werden lediglich zwei seitlich stehende Holzaugen kurz unterhalb der Drahtbespannung benötigt. Die letzte Leitastpartie befindet sich noch in der Erziehungsphase, sorgfältig muss entspitzt, Konkurrenztriebe, gerade an den Triebspitzen und an der Basis der Leitäste, entfernt werden. Die beiden unteren Etagen befinden sich zu diesem Zeitpunkt bereits im Erhaltungsschnitt.

Schrägpalmette mit zwei Etagen

Die Schrägpalmette besteht aus einem mittlerem Stammtrieb und zwei seitlich schräg nach oben geführten Leitastpaaren, welche die Etagen bilden.

Für Birnen eignen sich sämtliche Quitten-Unterlagen, beim Apfel werden schwachwüchsige Sorten in Kombination mit der Unterlage M9 gewählt, wenn die Form nicht höher als 2 m erzogen werden soll. Der Abgangswinkel der seitlichen Leitäste vom Mitteltrieb sollte maximal 45° betragen. Ein flacherer Astabgang bremst wuchsfreudige Sorten, eine steilere Stellung fördert schwachwüchsige Sorten.

Zwischen den seitlichen Leitastpaaren wird, unabhängig, ob kurz oder lang geschnitten wird, ein Abstand von 30 oder 40 cm eingehalten. Ideal im freien Stand ist die Nord-Süd-Ausrichtung der Leitäste, um beidseitig optimale Sonneneinstrahlung und damit höchsten Fruchtertrag zu erzielen.

Eine recht einfach zu erziehende Spalierform, die sich für Apfel und Birne gleichermaßen gut eignet: die Schräg-Palmette (im Bild eine Birne).

Für den Reihenabstand gilt: Sind die Leitäste vollständig erzogen, sollten sie sich auf der Hälfte des Abstandes zum nächsten Baum treffen. Oft wird bewusst enger gepflanzt, sodass sich die Leitäste kreuzen. Der untere Leitast verläuft dabei parallel zum oberen Leitast der benachbarten Palmette.

Erziehung

Erster Winter: Die einjährige Veredlung wird auf einer Höhe von 30 oder 40 cm angeschnitten. Für die Erziehung der 1. Etage sind drei Holzaugen nötig: ein links und ein rechts stehendes Auge auf Höhe der Spalierleisten (künftige Leitäste) und ein höher und mittig stehendes, drittes Auge für die Stammverlängerung.

Erster Sommer: Der Zuwachs am Mitteltrieb sowie die beiden Jungtriebe der Leitäste werden während der Vegetationsperiode fortlaufend anspaliert, alle übrigen Austriebe vollständig entfernt.

Zweiter Winter: Der Mitteltrieb wird 6 bis 8 cm über seiner Basis auf ein nach vorne stehenden Holzauge zurückgeschnitten. Alternativ kann hier der Rückschnitt auch auf ein leicht seitlich stehendes Holzauge vorgenommen werden. Die beiden seitlichen Leitäste werden auf ein nach unten gerichtetes Holzauge, circa 30 cm von ihrer Basis aus, zurückgenommen.

Zweiter Sommer: Der Mitteltrieb wird fortlaufend anspaliert, alle Konkurrenztriebe daran komplett entfernt, der Trieb also freigestellt. Die schrägen Leitäste werden in kurzen Abständen anspaliert, die Verzweigungen an den seitlichen Leittrieben lang entspitzt/pinziert (auf 6 bis 7 Blätter).

Dritter Winter: Der Mitteltrieb und die schrägen Leitäste werden wie im Vorjahr zurückgeschnitten. Die Verzweigungen an den beiden Leitästen werden lang, auf gut 20 cm, angeschnitten. Dies stärkt das Dickenwachstum und die Stabilität und verhindert zudem ein späteres Durchsacken der schrägen Äste.

Dritter Sommer: Der Mitteltrieb wird freigestellt und senkrecht anspaliert, Leitäste fortlaufend angeheftet; Verzweigungen werden erneut lang entspitzt. Oberseitige Konkurrenztriebe werden vollständig entfernt. Bevorzugt sind waagerecht oder seitlich abgehende Verzweigungen, gemäß der Wachstumsregel: Fruchtbildung vor Holzbildung.

Vasen-Form (freistehend dreidimensionale Form).

Vierter Winter: Sind die Spitzen der 1. Etage bis über die Basis der späteren 2. Etage hinausgewachsen, beginnt die Erziehung der 2. Etage. Anderenfalls wird ein weiteres Jahr gewartet.

Die Anlage der 2. Etage folgt exakt dem Vorgehen des 1. Jahres. Alle Maßnahmen an den seitlichen Leitästen wiederholen sich wie in den Vorjahren. Der Fruchtansatz sollte bis zu diesem Zeitpunkt geringgehalten werden.

Vierter Sommer: Alle Leittriebe der 1. und 2. Etage werden fortlaufend anspaliert. Die Maßnahmen an der 1. Etage entsprechen denen der Vorjahre.

Fünfter Winter: Der Mitteltrieb wird auf ein vorderes Holzauge zurückgeschnitten. Die 1. Etage wird wie zuvor zurückgenommen. Die Leitäste der 2. Etage werden ebenfalls auf ein nach unten gerichtetes Holzauge geschnitten; dabei bleiben 25–30 cm des Vorjahreszuwachses stehen.

Wichtig: Die Leitastenden der 2. Etage dürfen niemals höher stehen als die Leitastspitzen der 1. Etage!

Fünfter Sommer: Es sind Arbeiten nötig wie in den Vorjahren: Anspalieren der Leittriebe, Entspitzen der Verzweigungen an den schrägen Leitästen. Der Mitteltrieb wird jetzt endgültig herangezogen. Seitliche Verzweigungen, vor allem an der Basis, werden kürzer entspitzt, auf 4 bis 5 Blätter.

Endgültige Erziehung: Die Maßnahmen an beiden Etagen werden wie in den Vorjahren fortgeführt, bis die endgültige Höhe erreicht ist. Wesentlich ist dabei: Die Spitzen der unteren Etage müssen stets höher stehen als jene der oberen. Der senkrechte Mitteltrieb wird nun nicht mehr freigestellt, sondern mit seitlichem Fruchtholz erzogen. Der Baum unterliegt jetzt dem Erhaltungsschnitt.

Die belgische Hecke (Hecke nach Bouché-Thomas)

Bis in die frühen 1970er-Jahre war die belgische Hecke im intensiven Birnenanbau weit verbreitet. Diese Spalierform ist optisch sehr ansprechend, und eignet sich besonders für die Pflanzung in Reihen im freien Stand, idealerweise in Nord-Süd-Ausrichtung. Auch als Wandspalier verliert sie kaum an gestalterischer Wirkung.

Die Unterlagenwahl richtet sich unter anderem nach der Wüchsigkeit der Edelsorte. Beim Apfel haben sich M9 sowie M106 bewährt. Bei Birnen kommen sämtliche Quitten-Unterlagen infrage, starkwüchsige Birnensorten sind für diese Form jedoch nicht zu empfehlen. Mit einer Höhe von 2,0 bis 2,5 m lässt sich die belgische Hecke einfach aufbauen und gelangt früh in den Ertrag.

Erziehung

Erster Winter: Die einjährige Veredlung wird über zwei seitlich stehenden Holzaugen angeschnitten. Steht ein 3. Holzauge günstig, kann es als Reserve-Auge belassen werden. Die Höhe des ersten Rückschnitts richtet sich nach der Höhe des Spaliergerüsts, bevorzugt wird eine Stammfußhöhe von 30 oder 40 cm.

Das spätere Überkreuzen der Leitäste hat keinen negativen Einfluss auf deren Entwicklung. Der Pflanzabstand in der Reihe richtet sich nach der Schnittführung: bei kurzem bis mittellangem Fruchtholzschnitt 30–40 cm, bei langem Fruchtholzschnitt 50–60 cm.

Über die Schrägstellung der Leitäste kann zudem die Wüchsigkeit beeinflusst werden (siehe Schrägpalmette). Da der Mitteltrieb fehlt, kann ein etwas steilerer Leitastwinkel bis maximal 50° gewählt werden.

Klassisches Spaliergerüst für eine Hecke nach Bouché-Thomas (belgische Hecke). Gut geeignet als Gestaltungselement für Abgrenzungen oder Raumteiler im Garten.

Erster Sommer: Die noch jungen Austriebe aus den seitlichen Holzaugen werden zunächst vorsichtig anspaliert, jedoch nicht zu früh, da Bruchgefahr besteht. Alle nicht benötigten Austriebe unterhalb der neuen Leitäste werden vollständig entfernt. Spalierleisten am Drahtgestell geben die Form vor, entlang dieser werden die beiden Leitäste ihrem Wuchs entsprechend fortlaufend anspaliert. Da die Triebe noch sehr flexibel sind, kann am Ende der Vegetationsperiode bei Bedarf noch nachspaliert werden.

Zweiter Winter: Im 2. Standjahr werden beide Leitäste jeweils auf ein nach unten gerichtetes Holzauge zurückgeschnitten. Vom letztjährigen Zuwachs bleiben 20–25 cm stehen. Entscheidend ist eine gleichmäßige Höhenentwicklung beider Leitäste.

Zweiter Sommer: Während der gesamten Vegetationsperiode werden die Leitäste in kurzen Abständen anspaliert. Die Leitastspitzen bleiben circa 30 cm im freien Lauf.

Konkurrenztriebe unmittelbar an den Leitastspitzen werden vollständig entfernt. Übrige Verzweigungen werden lang entspitzt/pinziert (auf 7 bis 8 Blätter). Bei idealer Nord-Süd-Ausrichtung kann beidseitig entlang der Leitäste Fruchtholz herangezogen werden.

Endgültige Erziehung: Bis zum Erreichen der endgültigen Baumhöhe wird nach dem gleichen Prinzip verfahren wie in den Vorjahren. Zur Kräftigung der Leitäste empfiehlt es sich, in den ersten Jahren eher länger zu entspitzen bzw. zu pinzieren. Zu beachten ist zudem: Eine zu frühe und übermäßige Fruchtbildung geht auf Kosten des Wachstums. Bevorzugtes Fruchtholz entsteht seitlich an den Leitästen, eine übermäßige Triebanzahl wird durch den Sommerschnitt korrigiert.

Beim Erreichen der endgültigen Baumhöhe sollte eine größere Anzahl von Früchten an den Leitastenden vermieden werden. Ab diesem Zeitpunkt geht die belgische Hecke in den Erhaltungsschnitt über.

Der einfache, waagerechte Kordon

Der einfache waagerechte Kordon ist eine Spalierform mit nur einem horizontal geführten Leitast. Er eignet sich vorrangig für die Kultur des Apfels, kann jedoch auch mit schwachwüchsigen Birnensorten erfolgreich erzogen werden.

Beim Apfel wird bevorzugt die Unterlage M9 verwendet, bei Birnen kommen sämtliche Selektionen von Quitten-Unterlagen infrage. Eine sorgfältige Abstimmung von Unterlage und Edelsorte ist hierbei zwingend erforderlich, da ein zu kräftiges Triebwachstum bei dieser Form kaum reguliert werden kann, was sich nachteilig auf die Fruchtbildung auswirkt.

Klassisch wird eine Stammfußhöhe von 40 cm gewählt. Sollte mit niederem Bewuchs unterpflanzt werden, wird eine Höhe von 50 cm empfohlen.

Eine waagerechter Kordon als natürliche Trennung zwischen Weg und Nutzgarten.

Im englischen Sprachraum als «step over» bekannt, findet der waagerechte Kordon häufig als wegbegleitendes Gestaltungselement im Nutzgarten Verwendung. Besonders im Jugendstil erfreute sich diese Spalierform in der Gartengestaltung großer Beliebtheit.

Erziehung

Erster Winter: Die einjährige Veredlung wird dicht am Spanndraht vertikal gepflanzt und angebunden. Anschließend wird der Trieb umgebogen und noch nicht vollständig waagerecht anspaliert. Der Rückschnitt erfolgt circa 50 cm nach der Biegestelle auf ein nach unten stehendes Holzauge.

Sollte die einjährige Veredlung zu kräftig sein und sich nicht mehr umbiegen lassen, wird auf ein Holzauge kurz unterhalb des Spanndrahtes angeschnitten, idealerweise auf ein Auge parallel zum Draht.

Erster Sommer: Die Leitastspitze darf während der Erziehungsphase niemals waagerecht anspaliert werden, da sonst das Wachstum stockt.

Zur Führung wird ein Tonkinstab verwendet, der schräg (circa 45°) im Boden verankert und am Spanndraht befestigt wird. Die Leitastspitze wird daran nach oben geführt und sollte den Spanndraht stets um mindestens 30 cm überragen. Alle zu kräftigen seitlichen Verzweigungen einschließlich der Triebe im Bereich der Biegestelle werden vollständig entfernt, die übrigen Seitentriebe auf 5 bis 6 Blätter entspitzt/pinziert.

Zweiter Winter: Im zweiten Standjahr wird die Leitastverlängerung erneut auf ein nach unten gerichtetes Holzauge angeschnitten. Dabei bleiben vom letztjährigen Zuwachs 25 bis 30 cm stehen.

Endgültige Erziehung: Bis zum Erreichen der endgültigen Länge wird in gleicher Weise verfahren wie in den Vorjahren. Am Ende der Erziehungsphase kann die Leitastspitze vollständig waagerecht anspaliert werden. Je nach Sorte kann die Leitastlänge von 2 m bis 4 m gezogen werden.

Entstehen an der Biegestelle Triebe, werde diese konsequent entfernt. Für die Fruchtholzbildung sind seitlich abgehende Triebe erwünscht; zu dicht stehende oder zu kräftige Triebe werden durch gezielten Sommerschnitt entfernt.

Triebe, die unterhalb des Leitastes entstehen, sind für die Fruchtholzbildung entbehrlich und werden vollständig entfernt. Um ein späteres Durchsacken der Form zu vermeiden, ist von Beginn an auf ein stabil ausgeführtes Spaliergerüst zu achten. Der Spalierbaum befindet sich nun in der Erhaltungsphase.

Der zweiarmige, waagerechte Kordon

Der zweiarmige waagerechte Kordon ist eine Erweiterung des einfachen, waagerechten Kordons. Auf gleicher Höhe werden zwei Leitäste in entgegengesetzte Richtungen geführt. Die Form ist vergleichsweise einfach zu erziehen und gelangt früh in den Ertrag.

Im Nutz- und Ziergarten wird sie gerne als gestalterisches Element zur Betonung der Wegführung gepflanzt. Besonders gut eignet sich die Form für den Apfel. Bei Birnen sollten ausschließlich schwachwüchsige Sorten mit entsprechender Unterlage verwendet werden. Bewährt haben sich beim Apfel die Unterlage M9, bei der Birne Quitte A.

Die Stammfußhöhe sollte mindestens 40 cm betragen. Wird am Wegrand untergepflanzt, empfiehlt sich eine Stammfußhöhe von 50 cm.

Erziehung

Erster Winter: Die einjährige Veredlung wird dicht am Drahtspalier gepflanzt. Zur Stabilisierung in den ersten Standjahren ist es sinnvoll, zusätzlich einen Tonkinstab senkrecht am Trieb und am Spanndraht zu befestigen.

Bereits bei der Pflanzung der einjährigen Veredlung sollte darauf geachtet werden, dass die ausgewählten Holzaugen in Richtung des Spanndrahtes weisen. Der Anschnitt erfolgt kurz unterhalb des Spanndrahtes über zwei geeignete, seitlich stehende Holzaugen – eines links, eines rechts, – aus denen die späteren Leitäste entstehen.

Erster Sommer: Die aus beiden Holzaugen entstandenen Jungtriebe werden, sobald sie eine Länge von circa 30 cm erreicht haben, von ihrer Basis her waagerecht an den Spanndraht anspaliert. Die Triebspitzen bleiben frei. Würden sie waagerecht angebunden, käme das Wachstum ins Stocken.

Zweiter Winter: Im 2. Standjahr werden die Leitastverlängerungen auf 25 bis 30 cm von ihrem Ansatz her auf ein unten stehendes Auge eingekürzt.

Zweiter Sommer: Wenn im Verlauf der Vegetation der Zuwachs beider Leitastverlängerungen annähernd 30 cm beträgt, werden beide Triebe vom Ansatz her exakt waagerecht anspaliert. Die Triebspitzen bleiben frei und müssen nach oben zeigen. Seitentriebe werden abhängig von ihrer Stärke entspitzt, kräftige Seitentriebe auf 5–6 Blätter, schwächere auf 6–7 Blätter.

Reich tragender, zweiarmiger waagerechter Kordon einer Ananas-Renette.

Während des Sommers erfolgt eine regelmäßige Schnittüberwachung, bei Bedarf werden Korrekturen vorgenommen.

Dritter Winter: Im 3. Standjahr werden die Leitastverlängerungen wie im Vorjahr zurückgenommen. Kräftige, oberseitig stehende Seitentriebe werden vollständig entfernt. Mittellange Seitentriebe von 20 bis 25 cm bleiben unbehandelt, längere werden auf 5 bis 6 Holzaugen, vorzugsweise auf ein nach außen oder nach unten gerichtetes Auge, zurückgeschnitten.

Eine gleichmäßige Entwicklung beider Leitäste ist weiterhin zwingend zu beachten. Mit diesem Schnitt beginnt bereits die Phase des Erhaltungsschnittes.

Dritter Sommer: Die Leitäste werden fortlaufend vom Ansatz her waagerecht anspaliert, die Leitastspitzen bleiben frei und zeigen nach oben. Zu kräftige Seitentriebe werden auf 5 bis 6 Blätter, die übrigen auf 6 bis 7 Blätter entspitzt.

Endgültige Erziehung: Bis zur gewünschten Leitastlänge werden die beschriebenen Maßnahmen im Winter- und Sommerschnitt fortgeführt. Dier Schwerpunkt liegt nun auf dem Gleichgewicht zwischen Holz- und Fruchtbildung.

Im Bereich der Biegestellen entsteht meist kräftiges Wachstum. Starke Triebe werden hier vollständig entfernt, schwache Kurztriebe hingegen bleiben stehen. Durch konsequentes Pinzieren und regelmäßigen Sommerschnitt bleibt die Form stabil und gut belichtet.

Ab dem 4. Standjahr befindet sich der zweiarmige, waagerechte Kordon bereits im Erhaltungsschnitt.

«Außer Form» – Schnitt vernachlässigter Formobstbäume

Grundlagen und Vorgehen

Der Formobstbau erfordert fundierte obstbauliche Erfahrung. Grundlegende physiologische Kenntnisse über Schnittwirkungen, Triebförderung und Wachstumsgesetze sind unabdingbar – dies gilt auch im besonderen Maße für den Umgang mit «vernachlässigten» Formobstbäumen.

Zur Erinnerung: Beim Formobstbaum handelt es sich um eine künstlich geschaffene Erziehungsform. Bereits zu Beginn der Erziehung werden Anzahl, Abstand und Stellung der Leitäste festgelegt. Sind bei älteren Formobstbäumen einzelne Leitastpartien ausgefallen, ist es häufig schwierig, teils sogar unmöglich, diese im unteren oder mittleren Kronenbereich neu aufzubauen. Nachgezogene Triebe bleiben dort meist schwach, stehen in Konkurrenz zu bereits etablierten Leitästen und leiden unter unzureichender Licht- und Nährstoffversorgung. Eine Ausnahme kann der oberste Kronenbereich darstellen: Durch die natürliche Spitzenförderung werden hier Nährstoffe bevorzugt hingeleitet, zudem ist die Lichtverfügbarkeit günstiger. In solchen Fällen kann der Versuch, neue Leitäste nachzuziehen, unter Umständen Erfolg haben.

Bevor Schnittmaßnahmen erfolgen, sollte der Formobstbaum «gelesen» werden. Erst aus dieser sorgfältigen Beurteilung ergibt sich die richtige Vorgehensweise und Zielsetzung des Schnittes: Wie vital ist der Baum? Wie ausgeprägt ist der Zuwachs der einjährigen Holztriebe?

Schnittkorrekturen beim Kernobst

Quirlholz bei Apfel und Birne sollte grundsätzlich reduziert bzw. ausgelichtet werden, um einer Alternanz zu begegnen. Geschnitten wird bevorzugt auf waagerecht stehendes Fruchtholz nahe am Leitast. Gerade beim Kernobst sind sortenspezifische Kenntnisse von großer Bedeutung: Entscheidend ist, ob eine Sorte überwiegend kurzes Fruchtholz oder auch längeres Fruchtholz in Form von Fruchtruten bildet – dies muss beim Schnitt berücksichtigt werden.

Bei ungepflegten Formobstbäumen, bei denen sich durch unterlassenen Schnitt zahlreiche Nebenäste gebildet haben und der Baum zu verbuschen droht, sind die entsprechenden Schnittmaßnahmen meist über mehrere Vegetationsperioden hinweg notwendig. Ein zu kräftiger Rückschnitt würde anderenfalls einen ebenso kräftigen Austrieb provozieren. Beruhigend auf das Wachstum wirkt ein gezielt eingesetzter Sommerschnitt, der idealerweise zum Zeitpunkt des Triebabschlusses Ende Juli bis Anfang August erfolgt. Dieser ist gut erkennbar, wenn die Spitzen der Kurztriebe Knospen gebildet haben.

Für die Verjüngung und Instandsetzung von Kernobstbäumen sind die vorhandenen schlafenden Augen (Beiaugen) an jungem wie auch älterem Holz von großem Nutzen. Einmal angelegt, bleiben sie über mehrere Jahre vital und somit austriebsfähig. Dadurch kann auch problemlos in mehrjähriges Holz zurückgeschnitten werden.

Zapfenschnitt bei Kernobst. Die Reaktion auf den Zapfenschnitt ist der Austrieb von schlafenden Augen an der Basis des Zapfens. Haben sich mehrere junge Holztriebe gebildet, werden bis an den schwächsten – das ist in der Regel der unterste – alle entfernt.

Um einer Vergreisung zu begegnen, sollte hier die Verjüngung in mehreren Schritten erfolgen.

Ein bewährtes Verfahren ist der sogenannte Zapfenschnitt: Dabei bleibt ein Stummel (Zapfen) von 5–6 cm Länge stehen, geschnitten wird hier im Zeitraum Februar/März. Als unmittelbare Reaktion treiben an der Basis des Zapfens mehrere Beiaugen aus. Von diesen werden alle bis auf den schwächsten – meist der unterste – ausgebrochen, anschließend wird der Zapfen auf Astring zurückgeschnitten. Der neu entstandene Trieb kann, abhängig von der Spalierform, entweder als Nebenast mit künftigem Fruchtbehang belassen oder durch Triebumwandlung (klassischer Fruchtholzschnitt) zur Bildung von Blütenknospen und kurzem Fruchtholz angeregt werden.

Bei sehr stark wachsenden Kernobstsorten ist der klassische kurze Fruchtholzschnitt oft ungeeignet, da er eine anhaltende Holztriebbildung zur Folge hat. In solchen Fällen darf nicht zu kurz geschnitten werden: Aufrecht stehende Triebe werden vollständig entfernt, waagerechte Triebe bleiben stehen und werden lediglich entspitzt. Dadurch wird deren Basis gestärkt und gezielt zur Bildung von Blütenknospen angeregt.

Formobstbäume erfordern aufgrund ihrer Erziehungsform eine regelmäßige Schnittpflege. Bei der Instandsetzung vernachlässigter Formobstgehölze ist es notwendig, stets den gesamten Baum in die Schnittmaßnahmen einzubeziehen. Ziel ist immer, ein Gleichgewicht zwischen Holzzuwachs und Fruchtbildung zu schaffen.

Über viele Jahre «unbehandelte» Formobstbäume: Ein kräftiger Rückschnitt zum Zeitpunkt des Triebabschlusses ab Mitte August verhindert einen allzu starken Neutrieb bzw. eine starke Holzbildung im kommenden Frühjahr. Die Reaktion auf den Schnitt auf Zapfen ist die Bildung mehrerer Neutriebe; der schwächste bleibt stehen und wird der Holztriebumwandlung unterzogen, alle übrigen werden entfernt. Bestehendes Fruchtholz wird dabei geschont.

Schnittkorrekturen beim Steinobst

Einige Steinobstarten bzw. -sorten fruchten nicht an mehrjährigem, kurzem Fruchtholz, sondern ausschließlich an einjährigen Jahrestrieben. Daraus ergibt sich die grundlegende Schnittregel: Ein jährlicher Rückschnitt auf vorhandene Holzknospen ist notwendig, um kräftige, fruchtende Jungtriebe zu erhalten – ein typisches Beispiel hierfür ist der Pfirsich.

Im Unterschied zum Kernobst besitzen die Holzknospen beim Steinobst die Fähigkeit auszutreiben in der Regel nur für ein Jahr. Durch die kontinuierliche Verjüngung bleiben die Bäume vital, leistungsfähiger und erreichen ein höheres Lebensalter. Bei der Aprikose sind meist deutlich mehr und kräftigere schlafende Augen vorhanden als beim Pfirsich, was hier Verjüngungsmaßnahmen vereinfacht. Unterbleibt beim Steinobst der jährliche Schnitt zur Trieberneuerung, verkahlen ganze Astpartien. Diese Bereiche gehen damit als produktive Zone unwiederbringlich verloren.

Eher selten gerät man in die Situation, einen stark vernachlässigten Formobstbaum des Steinobstes grundlegend verjüngen oder instand setzen zu müssen. Sollte dies dennoch erforderlich sein, sind die Pflegemaßnahmen stets individuell zu entscheiden. Wichtig ist dabei zu wissen: Beim Formobst handelt es sich um eine reine obstbauliche Kulturform, daher dienen die hier beschriebenen Grundsätze lediglich als Richtschnur, jedoch mit breiter Anwendungsweise.

Die Korrektur solcher Entwicklungsfehler erfordert viel obstbauliche Erfahrung. Durch entsprechende Schnittmaßnahmen kann die Erziehung zwar noch gelenkt werden, sie wirft den Aufbau des Spalierbaumes jedoch in der Regel um mehrere Vegetationsperioden zurück.

Boden, Pflanzung und Pflege des Spalierbaumes

Standortfaktor Boden

Ein wesentlicher Faktor neben dem Klima ist der unterirdische Lebensraum des Obstbaumes: der Boden. Als Dauerkultur verbleibt der Spalierbaum über viele Jahre am selben Standort, deren Qualität bereits im Vorfeld der Pflanzung besondere Beachtung erfordert.

Voraussetzung für ein gutes und gesundes Pflanzenwachstum ist ein tiefgründiger, humoser, gut durchwurzelbarer, lebendiger und zugleich wasser- sowie nährstoffspeicherfähiger Boden. Ein hoher Humusanteil fördert das Bodenleben, schützt vor Auswaschung bei Starkregen und bewahrt den Boden in niederschlagsarmen Phasen vor dem Austrocknen.

Der optimale ph-Wert für die meisten Obstarten liegt zwischen 6,0 bis 6,5, also im leicht sauren bis neutralen Bereich. Bei auf Quitte veredelten Birnen zeigen sich in Böden mit hohem Kalkgehalt gerne Blattchlorosen. Längerfristig kann durch Kompostgaben die Situation verbessert, kurzfristig durch die Verabreichung von eisenhaltigem Dünger gelöst werden. Bei größeren Anpflanzungen ist eine Bodenanalyse empfehlenswert, da sie verlässliche Aussagen zum pH-Wert sowie zur Nährstoffversorgung liefert.

Schwere, verdichtete Böden sollten vor der Pflanzung gelockert und gegebenenfalls mit reifem Kompost und Sand aufbereitet werden. Ziel in einer nachhaltigen Bodenpflege ist stets die Förderung des Bodenlebens und der damit einhergehenden Nährstoffumsetzung für den Obstbaum.

Pflanzzeit

Obstgehölze können vom Herbst bis ins Frühjahr hinein, in frostfreier Zeit, gepflanzt werden. Für empfindlichere Obstarten wie Pfirsich und Aprikose wird eine Frühjahrspflanzung bevorzugt. Einjährige Veredelungen werden in der Regel wurzelnackt angeboten. Der oberirdische Trieb wird entsprechend der vorgesehenen Erziehungsform angeschnitten, der Pflanzschnitt ist somit grundsätzlich ein kräftiger Rückschnitt.

Zum Pflanzschnitt gehört auch ein Rückschnitt des Wurzelwerks. Verletzte, angebrochene Wurzeln werden sauber bis ins gesunde Gewebe zurückgeschnitten, das Feinwurzelwerk hingegen möglichst geschont und lediglich an den Spitzen gekürzt. Beim Einsetzen der einjährigen Veredlung in die Pflanzgrube ist darauf zu achten, das Wurzelwerk nicht zu knicken und den Setzling nicht zu tief zu pflanzen. Die ursprüngliche Pflanztiefe aus der Baumschule ist in der Regel gut erkennbar und sollte eingehalten werden.

Wurzelwerk einer einjährigen Veredlung. Bei der Pflanzung sitzt die einjährige Veredlung so tief, dass der Ansatz des Wurzelwerks am Trieb leicht bedeckt ist.

Pflanzung von Topfware

Aprikose, Pfirsich und Sauerkirsche werden häufig als eingetopfte Pflanzware angeboten. Die Pflanzgrube sollte hier ein bis zwei Drittel größer, als der Topfballen im Durchmesser misst, ausgehoben werden. Die Pflanztiefe richtet sich nach der Höhe des Topfballens, der beim Einpflanzen vollflächigen Bodenschluss haben sollte.

Vor dem Einsetzen wird das Wurzelwerk der Ballen mit der Klinge einer Gartenschere leicht aufgeraut. Dies entspricht der Wirkung beim Wurzelschnitt bei wurzelnackter Ware. Unabhängig von der Pflanzform wird mit leicht lockerer, humusreicher Erde verfüllt, der bei Bedarf etwas gut abgelagerter Kompost oder organischer Dünger beigemischt wird. Erst nach der Ausbildung eines Gießrandes wird gewässert.

Düngung

Eine Düngung erfolgt vorzugsweise mit ausgereiftem Kompost. Dessen Reife ist unter anderem daran zu erkennen, dass sich zahlreiche Regenwürmer darin aufhalten. Ausgebracht werden im Herbst 1–2 Liter Kompost pro m^2, idealerweise vermengt mit einer feinen Laub-Mulchschicht. Jede Form der Düngung sollte maßvoll und ausgewogen sein.

Bei Wandspalieren an Gebäudefassaden ist der durchwurzelbare Standraum häufig stark eingeschränkt. Bereits bei der Pflanzung sollte daher versucht werden, diesen zu erweitern, zum Beispiel durch das Vermischen des angrenzenden mineralischen Unterbaus von Wegen mit organischem, durchwurzelbarem Material, ohne die Tragfähigkeit des Belages zu beeinträchtigen. Ein durchgängiger Bodenschluss im gesamten Pflanzbereich ist entscheidend für einen geregelten Wasserabzug.

Wird wetterabseitig gepflanzt, etwa an Ost- bis Südostfassaden unter Dachvorsprüngen, erreichen Niederschläge die Pflanzfläche oft nur unzureichend. In solchen Fällen ist eine gezielte Bodenvorbereitung sinnvoll, um die Wasserhaltefähigkeit zu erhöhen. Dies gelingt durch einen hohen Humusanteil, die Beimengung extensiver Dachgartensubstrate mit Bims und Lavagestein-Anteilen sowie durch das Einarbeiten von Tonmineralien wie Bentonit. Gewässert wird vorzugsweise selten, dafür durchdringend, idealerweise mit gesammeltem Regenwasser.

Wird eine ein- oder zweijährige Veredlung zum Erziehen eines Spalierbaumes gepflanzt, sollte dies immer mit Abstand bzw. schräg zum Gerüst geschehen. Im Bild erkennbar ist der Stammfuß eines Birnenspaliers, mit Stammschutzfarbe versehen.

Ein «Rasen» aus verschiedenen Thymian-Arten lässt sich temporär gut begehen.

Bodenbedeckung und Unterpflanzung

Üblicherweise wird der Boden im unmittelbaren Stammfußbereich von Spalierbäumen offen gehalten, um Wasser- und Nährstoffkonkurrenz zu vermeiden. Bei größeren Anlagen ist diese Praxis jedoch arbeitsintensiv. Eine Alternative besteht darin, den Boden nach Erwärmung im späten Frühjahr mit einer Mulchschicht, zum Beispiel mit getrocknetem Grasschnitt, vor dem Austrocknen zu schützen.

Der Autor hat bei größeren Flächen zudem recht gute Erfahrung mit einer dauerhaften Unterpflanzung aus niedrig wachsender, geschlossener Vegetation gemacht, die problemlos begangen werden kann. Unterpflanzt wird jedoch erst, wenn die Spalierbäume mehrere Standjahre hinter sich haben und ausreichend Wurzelwerk gebildet worden ist. Bereiche, wo gegossen, gehackt, gedüngt oder auch Kompost aufgebracht wird, bleiben vegetationsfrei. So stellt eine Unterpflanzung kaum eine Konkurrenz für den Obstbaum dar.

Bodenpflege

Regelmäßiges, oberflächiges Hacken lockert den Boden, reduziert Verdunstung nach Niederschlägen und fördert in humusreichen Substraten die Nährstoffmobilisierung. Als dauerhafte Unterpflanzung eignen sich insbesondere niedrig wachsende, mattenbildende Arten aus der Gattung Thymus, die zugleich wertvolle Nahrungsquellen für Bienen und Schmetterlinge darstellen. Geeignet sind unter anderem: Polster-Thymian *Thymus doerfleri* 'Bressingham Seedling', Thymus Hybride 'Duftkissen', Zitronen-Thymian *Thymus x citriodorus* 'Creeping Lemon', Sand-Thymian *Thymus serpyllum* 'Àmade', *Thymus sepyllum* 'Coccineus'. Als etwas höher wachsende, sehr robuste Dauerblüher mit aromatischem Laub und hohem ökologischen Wert bewähren sich zudem Bergminze *Calamintha nepeta* 'Triumphator' sowie Alpen-Steinquendel *Acinos alpinus.*

Spaliergerüste – Konstruktion, Materialien und Formierhilfen

Für die Spalierobstkultur ist es unerlässlich, bereits vor der Pflanzung eine geeignete Stütz- und Führungskonstruktion zu errichten. Nur ein sorgfältig geplantes und stabil ausgeführtes Spaliergerüst ermöglicht das fachgerechte Anheften, Formieren und langfristige Erhalten der Spalierbäume.

Freistehende Spaliere

Freistehende Spaliere werden traditionell als Metallkonstruktionen aus T-Eisen ausgeführt. Bewährt haben sich Profile mit einer Dimension von 40 mm x 35 mm x 5 mm für Endpfosten und Stützstreben. Ab einem lichten Abstand von mehr als 4 m zwischen den äußeren Pfosten ist ein Zwischenpfosten erforderlich, der die Drahtbespannung zusätzlich aufnimmt und stabilisiert.

Alle Pfosten werden einbetoniert. Dabei ist es günstig, die Fundamente eher schmal, aber tief auszuführen, sodass sie für die spätere Anpflanzung kein Hindernis darstellen. Die Höhe der Metallpfosten orientiert sich an der gewünschten Spalierbaumhöhe.

Die äußeren, senkrechten Metallpfosten werden mit verzinktem Spanndraht von 2,2 mm bis 2,4 mm Stärke verbunden. Die unterste Drahtreihe liegt in einer Höhe von 30 cm über dem Erdreich, die weiteren Drähte folgen nach oben mit einem Abstand von 50 cm zueinander. Drahtspanner sorgen für Stabilität. Zur Stütze der Leitäste werden 1,5 cm x 1,5 cm starke Spalierlatten verwendet. Geeignet sind gut abgelagerte, möglichst astfreie Latten aus Kiefer, Fichte oder Lärche.

Die Latten werden senkrecht mit Wickeldraht von 1,0 mm bis 1,2 mm Stärke an der Drahtbespannung befestigt. Der Lattenabstand, von Mitte zu Mitte gemessen, beträgt bei Apfel und Birne mindestens 30 cm, bei Pfirsich und Sauerkirsche mindestens 50 cm.

Die Spalierlatten sollten den obersten Draht um etwa 10 cm überragen. Für ein exaktes und gleichmäßiges Anbringen empfiehlt sich die Verwendung einer einfachen Holzschablone.

Zeichnung eines einfachen, freistehenden Spaliergerüsts.

Die Spalierleiste wird mittels Wickeldraht auf der Drahtbespannung fixiert. Dabei unbedingt darauf achten, dass der Wickeldraht mit zweifachem Schlag den Spanndraht umschlingt.

Auf der Leistenvorderseite werden die Enden des Wickeldrahtes verbunden und unter Spannung aufgedrillt, dann seitlich auf der Leistenkante niedergedrückt.

Drahtspanner. Bei diesem Modell liegt der bauartbedingte Vorteil darin, dass der Spanndraht nicht durchtrennt werden muss.

Hilfreich beim Aufziehen von Spalierleisten ist eine Schablone aus Holz.

Wandspaliere

Wandspaliere werden stets mit einem Abstand von 10 bis 15 cm zur Wand oder Mauer errichtet, um eine ausreichende Hinterlüftung zu gewährleisten. In die Fassade eingelassene Mauerhaken nehmen die Drahtbespannung auf und definieren gleichzeitig den Abstand zur Wand. An den Spanndrähten werden die Spalierlatten auf die gleiche Weise wie bei den freistehenden Spalieren beschrieben angebracht.

Für größere Spalierformen empfiehlt sich die Ausführung als Holzspaliergerüst. Solche Konstruktionen übernehmen nicht nur eine tragende Funktion, sondern wirken zugleich als architektonisches Gestaltungselement. Ihre Dimensionierung sollte sich sinnvoll an der Fassadengliederung orientieren, insbesondere an Fenster- und Türabständen. Bewährt haben sich rechteckige Spalierfelder mit einem Seitenverhältnis von etwa 1:1,4 bis 1:1,6. Wird das zuvor beschriebene Maßverhältnis unterschritten, wirkt ein quadratisches Raster harmonischer. Besonders elegant erscheinen Spaliere, die bündig mit Fassadenkanten abschließen; alternativ kann ein Überstand von etwa ¼ bis ⅓ des Rastermaßes gewählt werden.

Alle Holzteile sollten an der Oberseite leicht angeschrägt sein, um Wasserabfluss zu gewährleisten. Stöße, an denen sich Feuchtigkeit sammeln kann, sind zu vermeiden. Ein Holzschutzanstrich ist aus technischer Sicht meist nicht notwendig und wird eher aus gestalterischen Gründen gewählt.

Für die statische Sicherheit sind ausreichende Querschnitte wichtig. Bewährt haben sich Dachlatten mit 5 cm x 3 cm Querschnitt, filigranere Spaliere aus halbierten, gehobelten Dachlatten mit circa 2,6 cm x 3,3 cm, wobei hier auf eine gute Überlagerung der Lattenlagen zu achten ist. Die Befestigung an der Wand erfolgt über eingelassene Mauerhaken mit mindestens 10 cm Wandabstand.

Spaliergerüst an einer Mauer.

Bindung mit Weidenruten (*Salix alba* ssp. *Vitellina*). Damit die Weide nicht austrocknet, werden die Ruten vor der Verwendung ins Wasser gestellt.

Hilfsmittel zum Binden und Formieren

Das Binden und Anspalieren ist eine fortlaufende Maßnahme im Spalierobstbau. Eine lange Tradition besitzt das Binden mit Weideruten, vorzugsweise von *Salix alba*. Verwendet werden schlanke, unverzweigte Ruten, da Verzweigungen die Bruchgefahr erhöhen.

Weideruten bieten mehrere Vorteile: Sie sind elastisch, schneiden nicht ein und lösen sich im Laufe der Zeit von selbst auf.

Mit etwas Übung lässt sich die Bindetechnik gut erlernen: Trieb und Spalierlatte werden gemeinsam umfasst, das dickere Ende der Rute mehrfach um das dünnere gewunden, anschließend der Knoten gegen die Drehrichtung eingedreht. Überstehende Enden werden gekürzt. Durch das Antrocknen in der Sonne gewinnt die Bindung zusätzlich an Festigkeit.

Auch Raffiabast ist ein bewährtes, natürliches Bindematerial. Um ein Einschneiden der Triebe zu vermeiden, sollten Bastbindungen jedoch nicht zu stramm ausgeführt und zudem häufig kontrolliert werden.

Aus ökologischer Sicht sind Weideruten und Bast gegenüber synthetischen Bindematerialien zu bevorzugen.

Anhang

Arbeitskalender Spalierobst

Januar	• Bei frostfreier Witterung können Neuanpflanzungen vorgenommen werden. • Schnittarbeiten sollten, wenn möglich, auf die Folgemonate verschoben werden und nicht bei Temperaturen unter -5 °C erfolgen.
Februar	Sobald die stärksten Fröste vorüber sind, können vielfältige Schnittarbeiten beginnen: • Auslichtungsschnitt am formlosen Kernobst-Fächerspalier sowie Verjüngungsschnitt bei nachlassender Triebkraft und beginnender Vergreisung. • Kurzer Fruchtholzschnitt am Kernobstspalier. Beim kurzen Fruchtholzschnitt ebenso wie beim Verjüngen des Fruchtholzes (zum Beispiel Quirlholz) darauf achten, das Fruchtholz stets so nah wie möglich an die Leitastachse zurückzuführen. • Erziehungsschnitt an allen Spalierformen.
März	• Im Februar begonnene Schnittarbeiten fortführen. • Steinobst verjüngen und auslichten. • Erziehungs- und Fruchtholzschnitt am Johannisbeerfächer. • Alle 4–5 Jahre: Schnitt zur Fruchttrieberneuerung (Leitasterneuerung) am Johannisbeerfächer. • Bei Sauerkirsche, Aprikose und Pfirsich Schnitt zur Fruchttrieberneuerung. Pfirsich idealerweise kurz vor oder während der Blüte schneiden, um die Unterscheidung der Knospen zu erleichtern.
April	Alle Schnittarbeiten sollten, je nach Witterung, bis spätestens Anfang April abgeschlossen sein. • Anfang April Kerbschnitte vornehmen. • Kontrolle sämtlicher Anbindungen auf Einschnürungen. (Durch den jährlichen Zuwachs an Trieben und Zweigen nimmt das Dickenwachstum zu. Im laublosen Zustand während der Schnittperiode ist der beste Zeitpunkt, um Anbindungen zu lösen und zu erneuern.)

Mai-Juni	• Erstes Entspitzen am Kernobstspalier. • Aprikosen nach Bedarf ebenfalls entspitzen.
Juli-August	• Grünschnitt und zweites Entspitzen am Kernobstspalier. • Nach Abschluss des Triebwachstums vergreiste, überalterte Spalierbäume kräftig verjüngen. • Überwachungs- und Auslichtungsschnitt an allen Spalierbäumen: nicht benötigte Triebe vollständig entfernen. • Ende Juli/Anfang August: Lorette-Schnitt. • Konkurrenztriebe der Leitastverlängerungen vollständig entfernen. • Das Sauerkirschspalier kann gut verjüngt werden.
September-Oktober	• Bis Anfang Oktober an Aprikosen Fruchtholz verjüngen und auslichten. • Abgetragenes Fruchtholz sowie zu dicht stehende Triebe zugunsten junger, dicht am Leitast stehender Fruchttriebe entfernen.

Gärten mit Spalierobstkulturen

Deutschland
Schloss Veitshöchheim, Echterstr. 10, 97209 Veitshöchheim
Schlosspark Sanssouci, Lennestr. 32 A, Potsdam
Hofgarten der Würzburger Residenz, Residenzplatz 2, 97070 Würzburg

Schweiz
Barockgarten beim Palais Rechberg, Künstlergasse, 8001 Zürich
Culinarium Alpinum, Mürgstrasse 18, 6370 Stans NW
Chateau de Prangins, Av.Général Guiger, 1197 Prangins
Kloster Wettingen, 5430 Wettingen
cfpne Lullier (Berufsfachschule Gartenbau), Route de Presigne 150, 1254 Jussy

Frankreich
Potager du Roi, 10 Rue du Maréchal Joffre,7800 Versailles
Jardin du Luxembourg, Rue de Vaugirard, 75006 Paris (Führungen in kleinen Gruppen nach Anmeldung)
Chateau Villandry, Rue Principale 3, 37510 Villandry
Chateau de Valmer,Route du Chateau de Valmer, 37210 Chancay

Belgien
Schloss Gaasbeek – Museumsgarten, Kasteelstraat 40, 1750 Lennik

Niederlande
Huis te Manpad, De Trompet1900, 1967 DB Heemskerk
Perenlaantje, Weteringsingel 1, 3342AE Hendrik-Ido-Ambacht
Landgoed Dekema State, Dekemawai 5, 9057 LC Jelsum

Obstbaumschulen

Deutschland
Baumschule Wagner, Schulstr. 4, 91099 Poxdorf

Schweiz
Toni Suter Baumschule-Gartenbau AG, Fislisbacherstr. 1a, 5413 Birmenstorf
Biobaumschule Glauser, Limpachmatt 22, 3116 Noflen

Österreich
Obstbaumschule Schreiber GmbH

Belgien
Les Pèpinières d `Enghien, Rue Noir Mouchon 23A, 7850 Enghien

Frankreich
Pèpinières Baltet-Dumont, 1 Rue Rouget de Lisle,10300 Sainte-Savine

Organisationen, die sich für den Erhalt von Spalierobst einsetzen

Schweiz
Fructus: Die Vereinigung zur Förderung alter Obstsorten ist ein schweizweit tätiger, gemeinnütziger Verein, mit dem Ziel, das kulturelle Erbe, die Vielfalt und die Eigenschaften alter Obstsorten zu bewahren und zu nutzen. Innerhalb der Vereinigung ist eine Gruppe von Spezialisten in der Weiterbildung Spalierobst aktiv.

Frankreich
Amis du Potager du Roi, 11 rue du Maréchal Joffre, 7800 Versailles

Bildnachweis

Die Bilder stammen alle vom Autor. Ausnahmen sind S. 65 (blickwinkel/McPHOTO/H.-R. Mueller), S. 69 (blickwinkel/McPHOTO/H.-R. Mueller) und die Cover-Vorderseite (h_2.BLWS475700.jpg).

Literaturverzeichnis

Beccaletto J.: *Encyclopèdie des Formes fruitiéteres, Actes Sud/Ecole nationale supèrieure de paysage, 2001.*

Beccaletto J., Denis Retournard: *Obstgehölze erziehen und formen, Ulmer Verlag, 2007*

Böttner J.: *Spalierobst und Feinobst, Verlag Trowitsch & Sohn, 1907*

Gaucher N.: *Handbuch der Obstkultur, Verlag P. Parey, 4. Aufl., 1908*

Grisvard P.: *La taille des arbres fruitier, La Maison Rustique, 1957*

Goethe R.: *Die Obst- und Traubenzucht, Verlag P. Parey, 1900*

Carmine B., Croq G., Jardillier D., Prat J-Y., Retournard D.: *La collection fruitière du jardin du Luxembourg, Naturalia Publications, Senat 2016 FRAU.*

Groh,W.: *Leitfaden für den Obstbaumschnitt, Deutscher Bauernverlag, 1956*

de Haas, P.G.: *Naturgemäßer Obstbaumschnitt, blv Verlag, 1965*

Lind, Lafer, Schloffer, Innerhofer, Meister: *Biologischer Obstbau, L. Stocker Verlag 1998*

Löschnig, Passecker: *Die Marille und ihre Kultur, Österreichischer Agrarverlag Wien, 1954*

Metzner R.: *Das Schneiden der Obstbäume und Beerensträucher, Verlag E. Ulmer, 11. Aufl., 1965*

Poenicke W., Schmidt Dr. M.: *Deutscher Obstbau, Deutscher Bauernverlag, 1. Aufl. 1950*

Riess H.W.: *Obstbaumschnitt in Bildern, Obst- und Gartenbauverlag 9. Aufl. 1989*

Lucas Dr. E.: *Lehre vom Baumschnitt, Verlag Ulmer, 1899*

Loose, H.: *Neuzeitliche Obstspaliere, Obst- und Gartenbauverlag 1957*

Woessner D., Bryner W.: *Das Pfirsich und Aprikosenspalier, Buchverlag Verbandsdruckerei AG Bern, 2. Aufl. 1948*

Vanicek K.H.: *Neuzeitliche Kronengestaltung, Dtsch. Landwirtschaftsverlag, 1. Aufl. 1961*

Vossen M., van der Cruijssen J.: *L'art de la taille des fruitiers, Editions Snoeck, Gand, 2022*

Weratschnig H., Putz M.: *Fachgerechter Obstbaumschnitt, Verband der Tiroler Obst- und Gartenbauvereine-Grünes Tirol.*

Reiner Wahl ist selbständiger Landschaftsgärtnermeister und lebt im Biosphärengebiet Schwäbische Alb (Süddeutschland). Er vertiefte sein Wissen zu Spalier- und Formobst bei Aufenthalten im Potager du Roi in Versailles sowie im Jardin de Luxembourg in Paris. Er berät Planungsbüros in der Gartendenkmalpflege, gibt Seminare und Fachvorträge im In- und Ausland und ist aktiv im Netzwerk Küchengarten.

1. Auflage: 2026

ISBN 978-3-258-08443-5

Umschlag, Gestaltung und Satz: Roman, Bold & Black, D-Köln

Wir drucken mit mineralölfreien Farben und verwenden FSC®-zertifiziertes Papier. FSC® sichert die Nutzung der Wälder gemäß sozialen, ökonomischen und ökologischen Kriterien.
Gedruckt in der Tschechischen Republik

FSC www.fsc.org
MIX
Papier | Fördert gute Waldnutzung
FSC® C010798

Diese Publikation ist in der Deutschen Nationalbibliografie verzeichnet.
Mehr Informationen dazu finden Sie unter http://dnb.dnb.de.

Der Haupt Verlag wird vom Bundesamt für Kultur für die Jahre 2026–2028 unterstützt.

Wir verlegen mit Freude und großem Engagement unsere Bücher. Daher freuen wir uns immer über Anregungen zum Programm und schätzen Hinweise auf Fehler im Buch, sollten uns welche unterlaufen sein. Falls Sie regelmäßig Informationen über die aktuellen Titel im Bereich Garten erhalten möchten, folgen Sie uns über Social Media oder bleiben Sie via Newsletter auf dem neuesten Stand.

Haupt Verlag AG
Falkenplatz 14
CH-3012 Bern
herstellung@haupt.ch
www.haupt.ch

Verantwortlich in der EU (GPSR):
Brockhaus Kommissionsgeschäft GmbH
Kreidlerstr. 9
DE-70806 Kornwestheim
haupt@brocom.de